5. 病叶背面的霜霉层

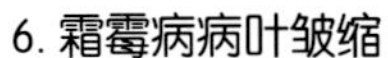

6. 霜霉病病叶皱缩

7. 霜霉病病株茎秆上的霜霉层

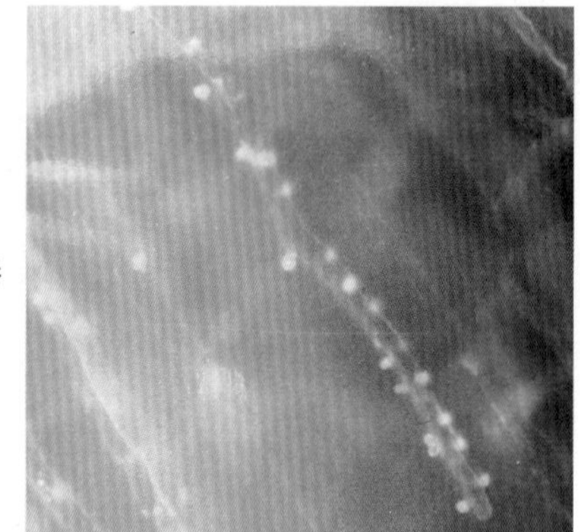

8. 霜霉病菌的菌丝和吸器

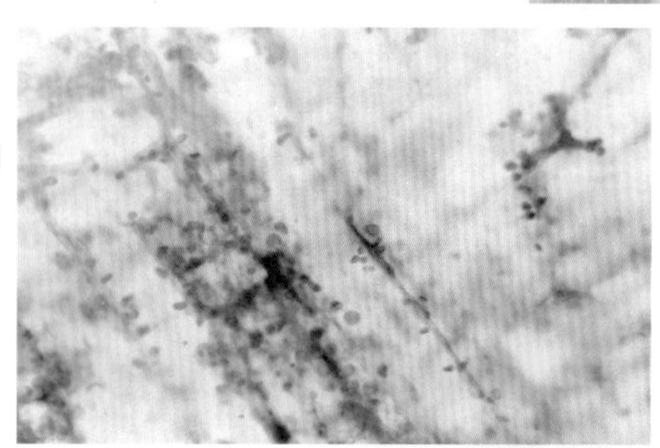

9. 病叶内霜霉病菌的菌丝体

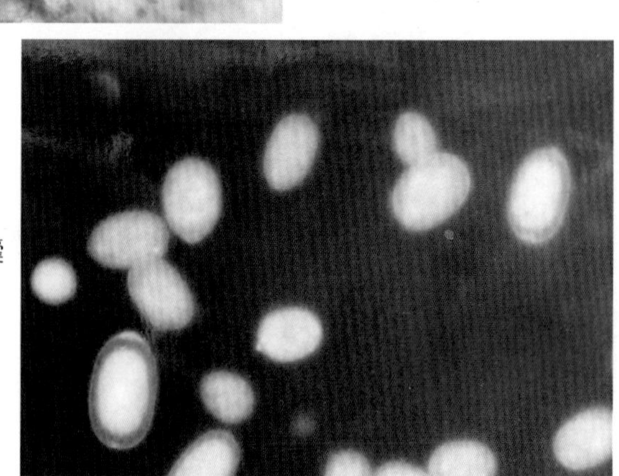

10. 霜霉病菌的孢子囊

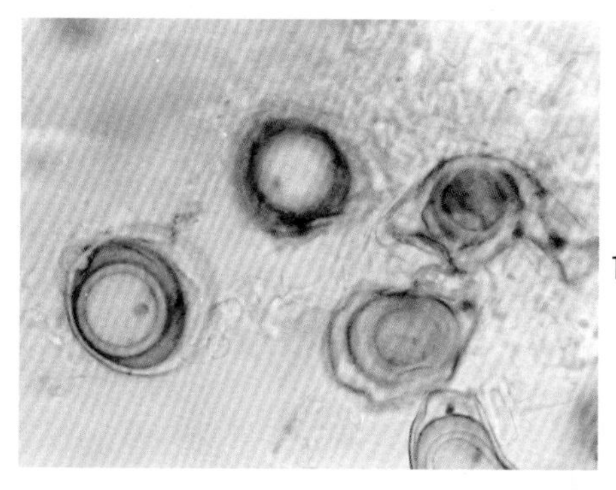

11. 霜霉病菌藏卵器和卵孢子

12. 白锈病田间病株

13. 白锈病病叶片上
初期散生褪绿疱斑

14. 白锈病病叶背面的白色孢子堆

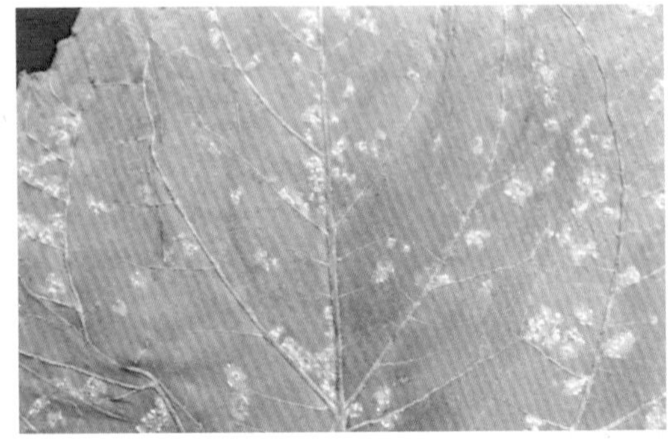

15. 白锈病疱斑散生

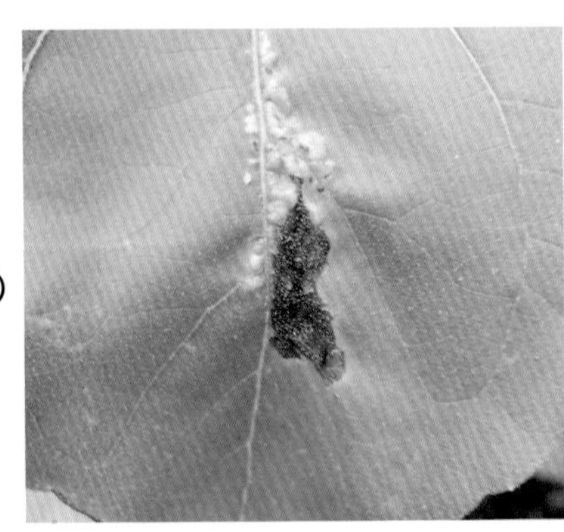

16. 白锈病大斑块（叶片正面）

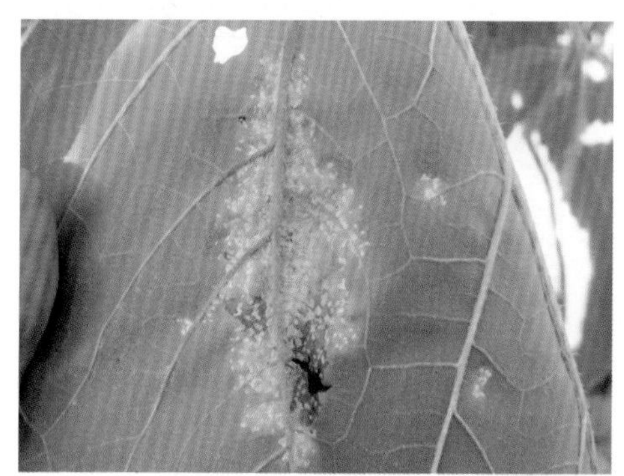

17. 白锈病大斑块（叶片背面）

18. 白锈病疱斑附近变褐坏死

19. 白锈病大斑块处变褐坏死

20. 白锈病病叶叶脉间变黄

21. 白锈病病叶干枯

22. 白锈病茎秆症状

23. 白锈病花盘苞片症状

24. 黄萎病病株

25. 黄萎病的黄色斑块中部变褐坏死

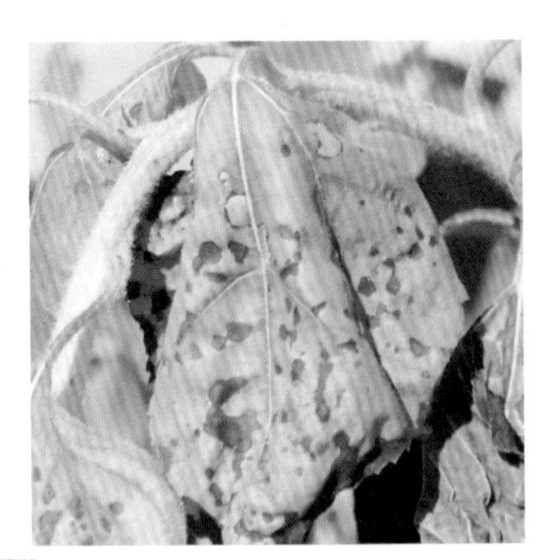

26. 黄萎病病叶均匀褪绿，生褐色坏死斑

27. 黄萎病病叶上西瓜皮状长条坏死斑

28. 黄萎病严重病株

29. 黄萎病轻度病株

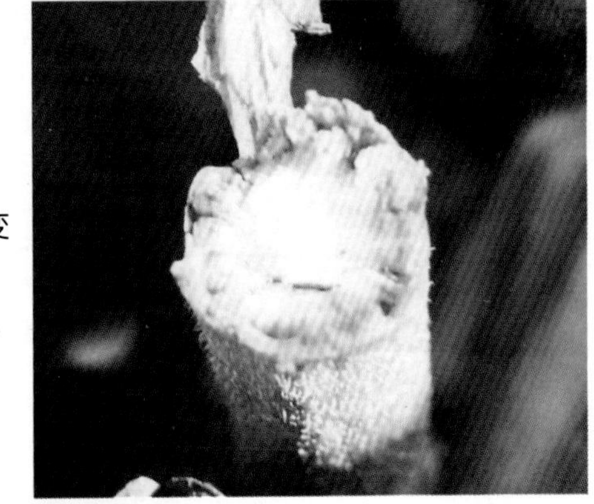

30. 黄萎病病株茎部维管束褐变

31. 大丽轮枝菌的分生孢子梗
（箭头所指为分生孢子球）

32. 菌核病症状：根腐

33. 菌核病症状：茎基腐

34. 菌核病症状：茎秆下部枯腐

35. 菌核病症状：发病部位表面的菌丝体和菌核

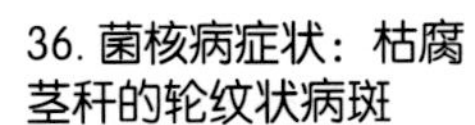

36. 菌核病症状：枯腐茎秆的轮纹状病斑

37. 菌核病症状：髓部解体，生有菌丝体和菌核

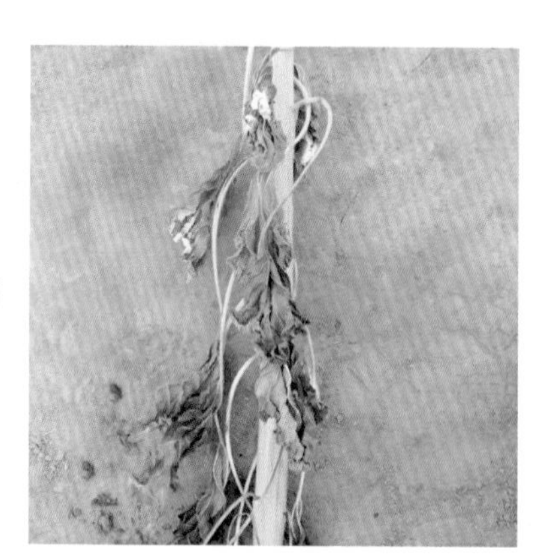
38. 菌核病症状：病株叶片青枯

39. 菌核病症状：叶片全部枯萎，花盘弯头下垂

40. 菌核病症状：全田植株枯死

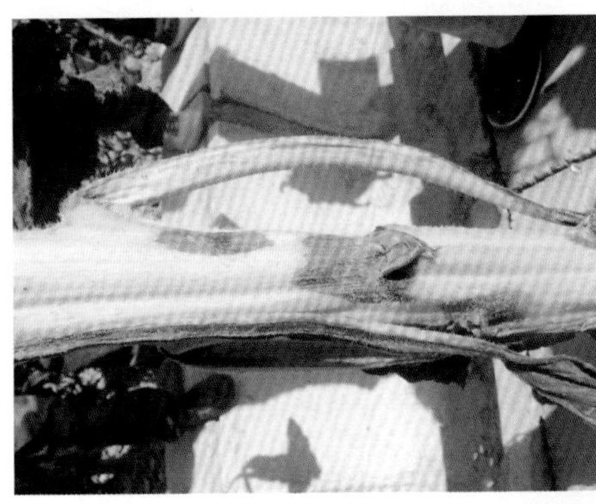

41. 菌核病症状：茎秆中部茎腐

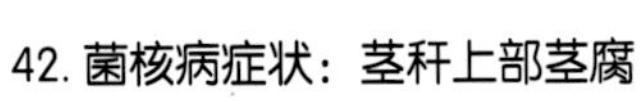

42. 菌核病症状：茎秆上部茎腐

43. 菌核病症状：茎腐部位的菌丝体和菌核

44. 菌核病症状：叶腐

45. 菌核病症状：叶腐后期

46. 菌核病症状：烂头

47. 菌核病症状：盘腐初期

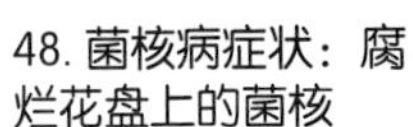

48. 菌核病症状：腐烂花盘上的菌核

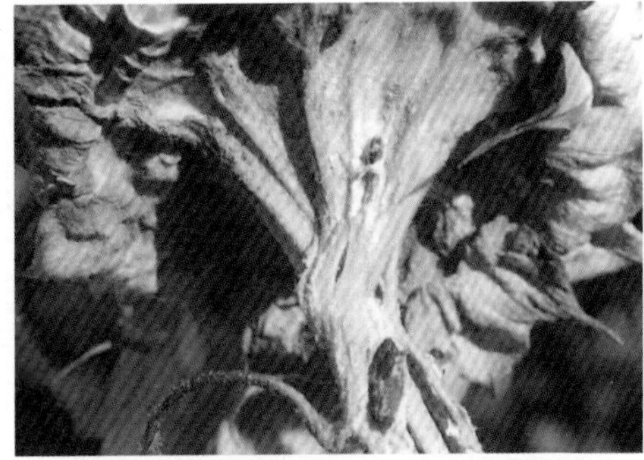

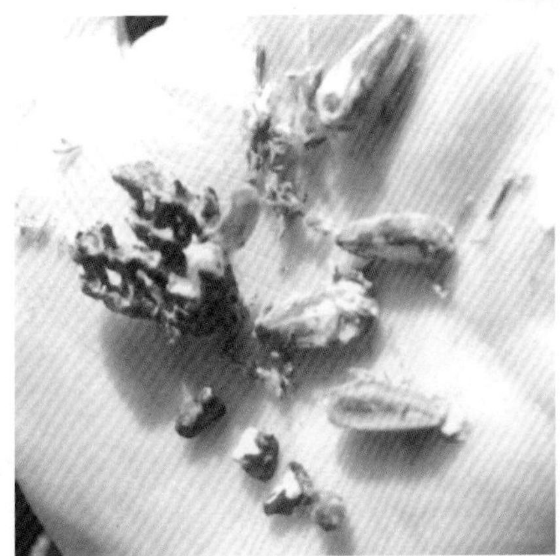

49. 菌核病症状：籽粒间夹杂菌核

50. 炭腐病症状：茎基部病变

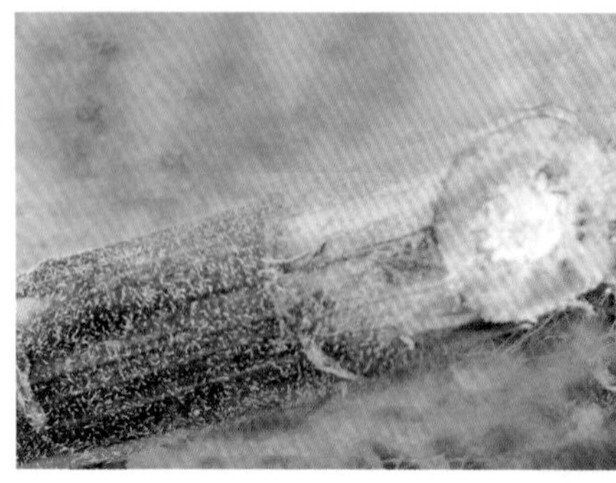
51. 炭腐病症状：茎秆变色腐烂

52. 炭腐病症状：
茎秆髓部消解变黑

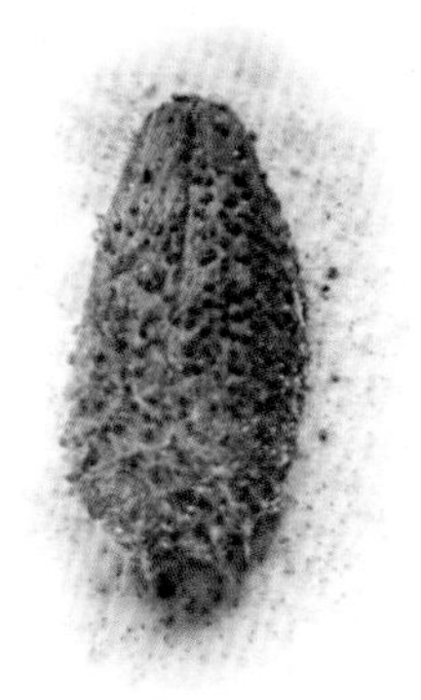

53. 炭腐病症状：籽粒和周围基质上的微菌核

54. 白绢病症状

55. 白绢病菌的小菌核

56. 黑茎病症状：茎秆上的大型病斑

57. 黑茎病症状：茎秆上产生多个病斑

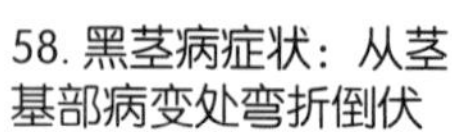

58. 黑茎病症状：从茎基部病变处弯折倒伏

59. 黑茎病症状：茎秆中上部发病弯折

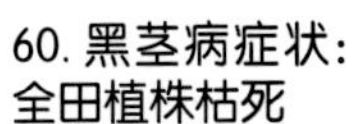

60. 黑茎病症状：全田植株枯死

61. 黑茎病症状：叶柄基部发病

62. 黑茎病症状：从叶片、叶柄向茎秆蔓延

63. 黑茎病症状：叶柄和叶片枯死

64. 黑茎病症状：叶片上的病斑

65. 黑茎病症状：花盘背面病斑

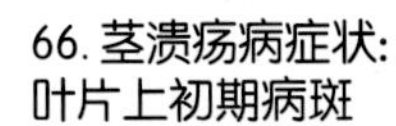

66. 茎溃疡病症状：
叶片上初期病斑

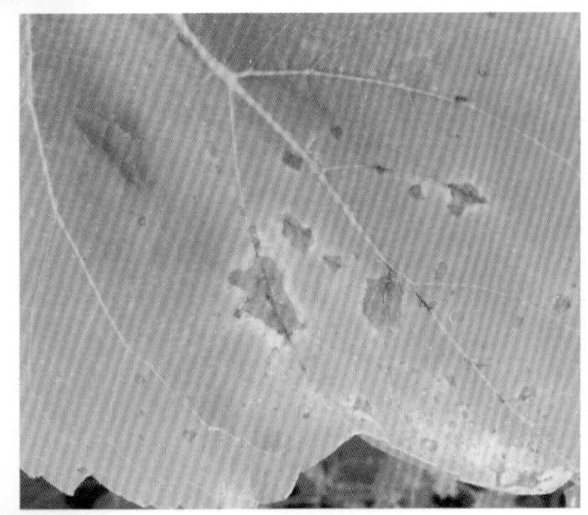

67. 茎溃疡病症状：大型叶斑

68. 茎溃疡病症状：发病叶片和叶柄大量枯死

69. 茎溃疡病症状：茎秆病斑初期

70. 茎溃疡病症状：扩展后的茎秆病斑

71. 茎溃疡病症状：茎部侵染形成的病斑

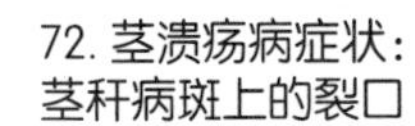

72. 茎溃疡病症状：茎秆病斑上的裂口

73. 茎溃疡病症状：茎秆上的长条形病斑

74. 镰刀菌茎腐病症状：茎秆变色坏死

75. 镰刀菌茎腐病症状：
茎秆内部腐烂初期

76. 镰刀菌茎腐病症状：
茎秆内部腐烂后期

77. 锈病症状：叶片上的夏孢子堆

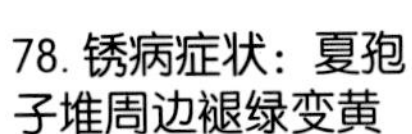

78. 锈病症状：夏孢子堆周边褪绿变黄

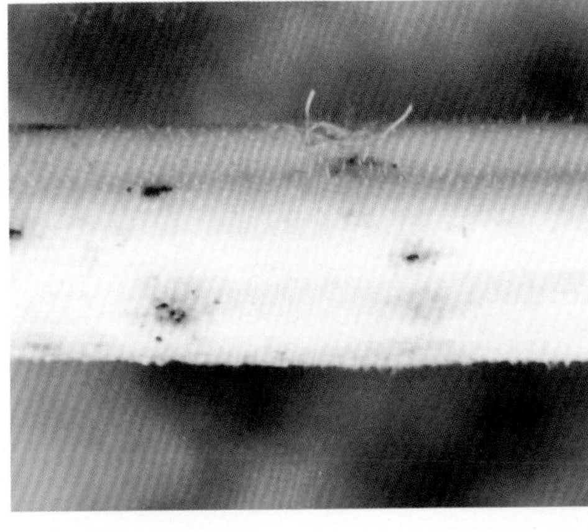

79. 锈病症状：茎上的夏孢子堆

80. 锈病症状：苞片上的夏孢子堆

81. 白粉病病叶

82. 白粉病病叶表面的白粉层

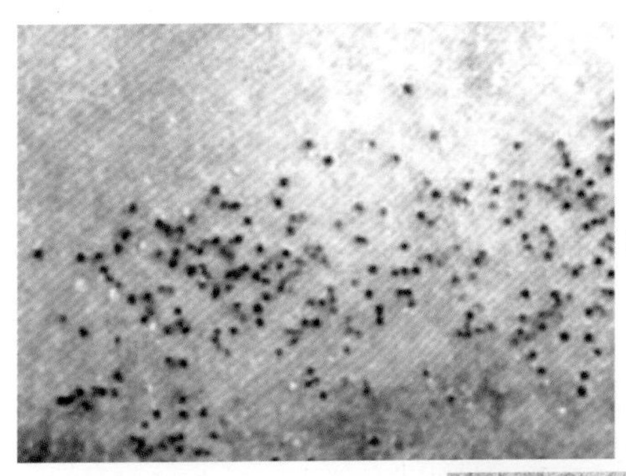
83. 白粉病菌的闭囊壳

84. 黑斑病发病状况

85. 黑斑病症状：叶片病斑

86. 黑斑病症状：略有轮纹的叶斑

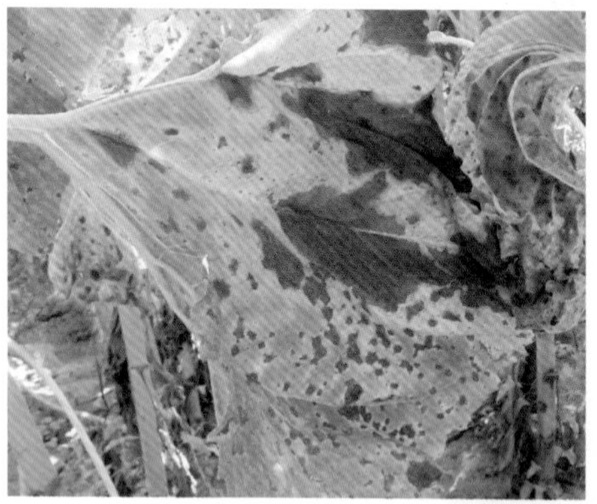

87. 黑斑病症状：叶片病斑汇合

88. 黑斑病症状：发病茎秆

89. 黑斑病症状：花盘上的病斑

90. 褐斑病症状

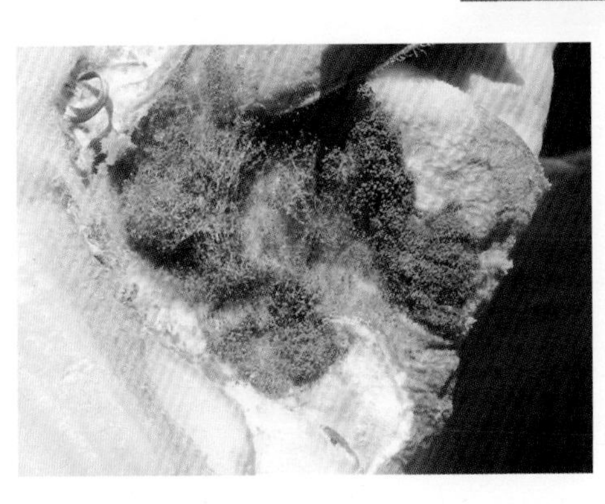

91. 根霉盘腐病

92. 灰霉盘腐病

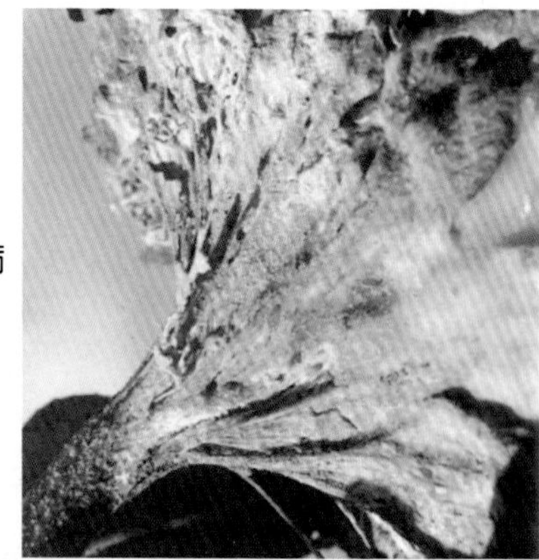

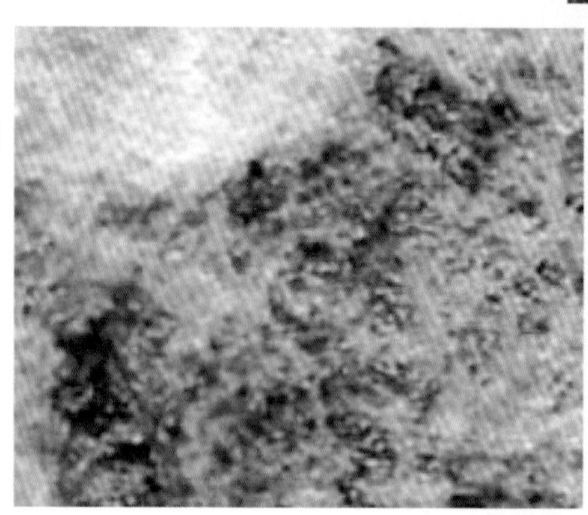

93. 灰葡萄孢的霉状物

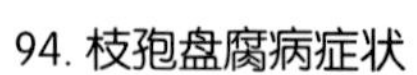

94. 枝孢盘腐病症状

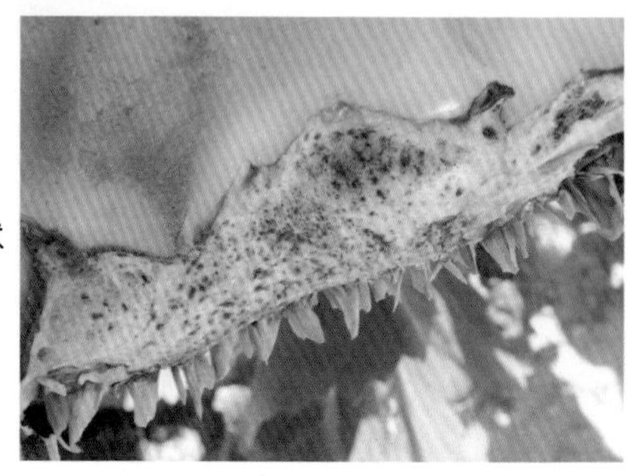

95. 细菌性软腐病症状：茎秆变黑

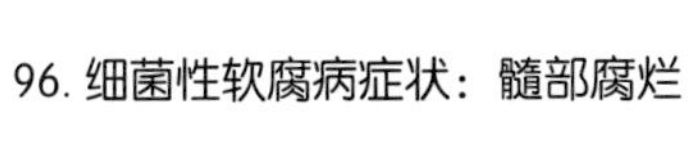

96. 细菌性软腐病症状：髓部腐烂

97. 病毒病害症状：
花叶，叶片畸形

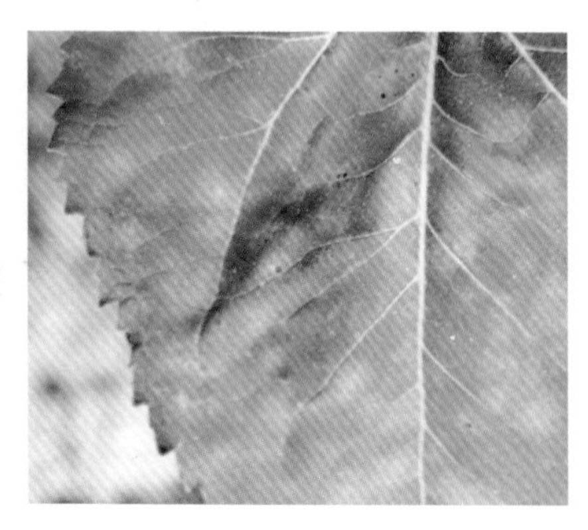

98. 病毒病害症状：环斑

99. 病毒病害症状：坏死斑

100. 病毒病害症状：坏死环斑

101. 病毒病害症状：沿脉坏死

102. 病毒病害症状：散生黄斑

103. 病毒病害症状：黄色斑块，叶片皱缩

104. 病毒病害症状:
较大的亮黄色病斑

105. 列当危害田

106. 列当的假根(吸根)

107. 列当出土

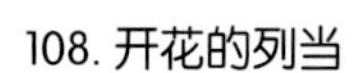

108. 开花的列当

108. 列当的花

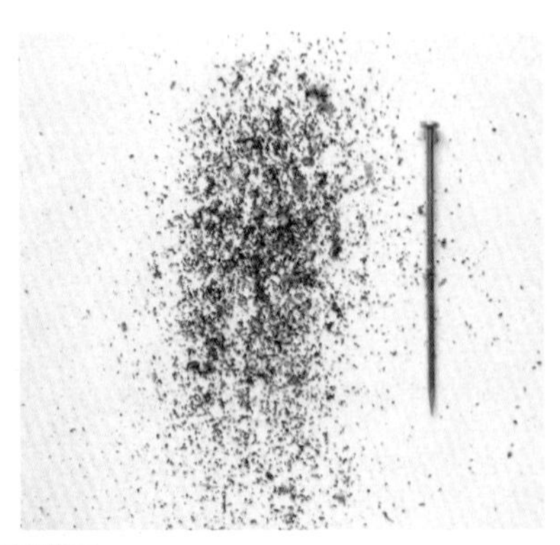

110. 列当种子

111. 菟丝子黄色茎蔓

112. 菟丝子缠绕危害向日葵

113. 向日葵螟幼虫蛀食花盘和籽粒

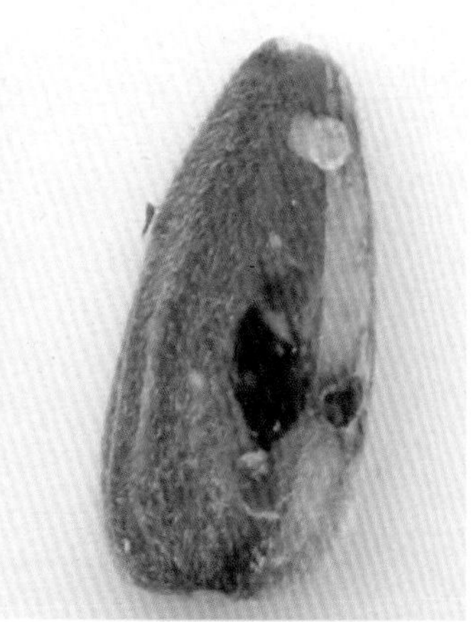
114. 向日葵螟蛀食的籽粒

115. 向日葵螟危害花盘致使腐烂

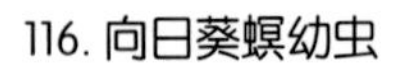

116. 向日葵螟幼虫

117. 桃蛀螟成虫

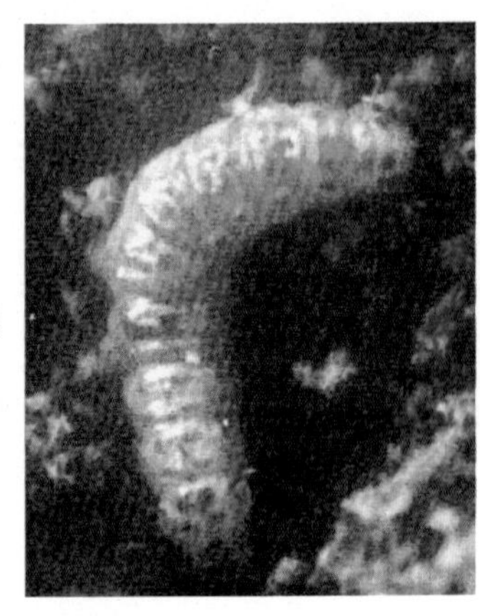

118. 桃蛀螟幼虫

119. 草地螟成虫

120. 草地螟幼虫

121. 花蚤虫道纵剖面

122. 花蚤钻蛀的孔洞

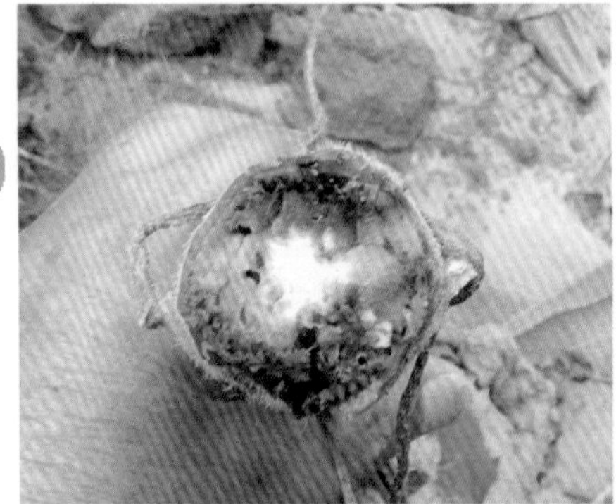

123. 花蚤钻蛀造成腐烂

124. 花蚤危害的茎秆髓部和皮层变黑

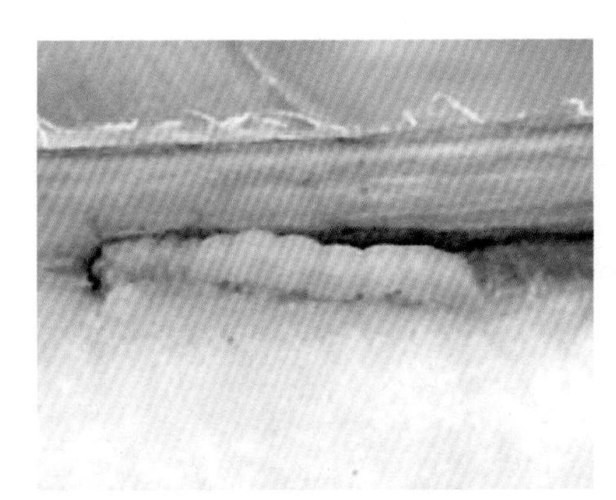

125. 虫道中的花蚤幼虫

126. 蛴 螬

127. 东北大黑鳃金龟成虫

128. 暗黑鳃金龟成虫

129. 棕色鳃金龟成虫

130. 黑皱鳃金龟成虫

131. 铜绿丽金龟成虫

132. 沟金针虫雌成虫

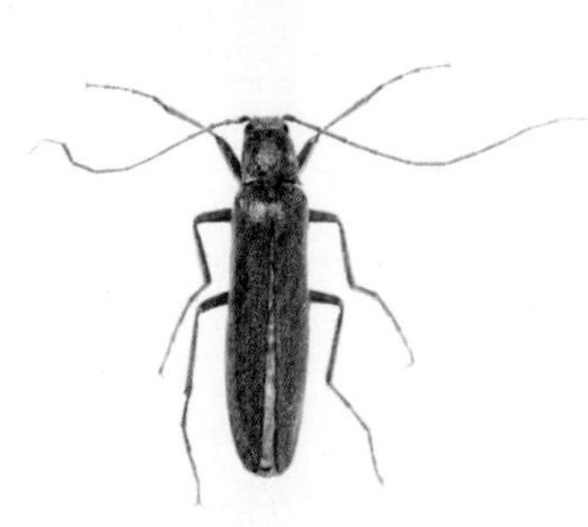

133. 沟金针虫雄成虫

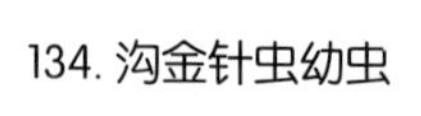

134. 沟金针虫幼虫

135. 细胸金针虫成虫

136. 细胸金针虫幼虫

137. 褐纹金针虫成虫

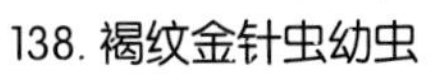

138. 褐纹金针虫幼虫

139. 东方蝼蛄成虫

140. 单刺蝼蛄成虫

141. 小地老虎成虫

142. 小地老虎幼虫

143. 小地老虎的蛹

144. 黄地老虎成虫

145. 大地老虎成虫

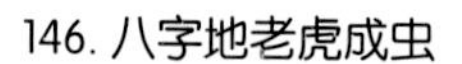

146. 八字地老虎成虫

147. 短额负蝗成虫

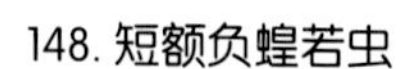

148. 短额负蝗若虫

149. 白星花金龟集聚在向日葵茎秆上

150. 白星花金龟成虫

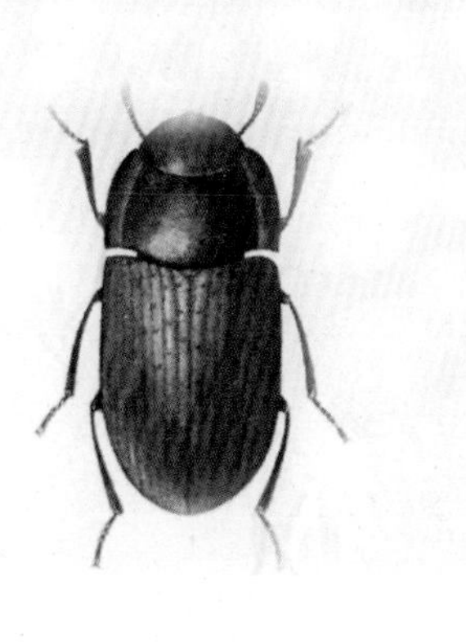
151. 砂潜成虫

152. 马铃薯瓢虫的成虫

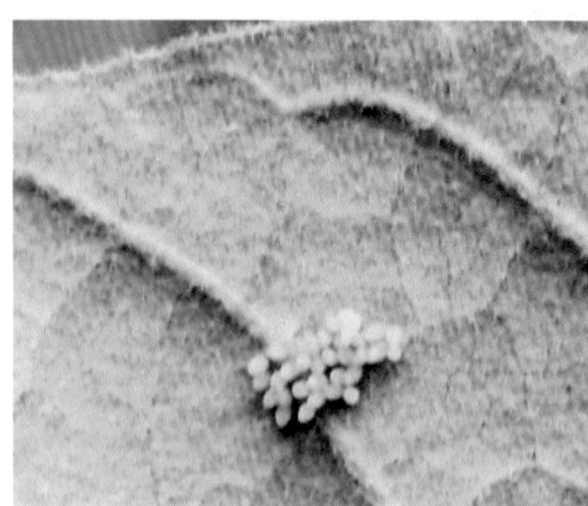

153. 马铃薯瓢虫的卵

154. 马铃薯瓢虫的幼虫

155. 马铃薯瓢虫的蛹

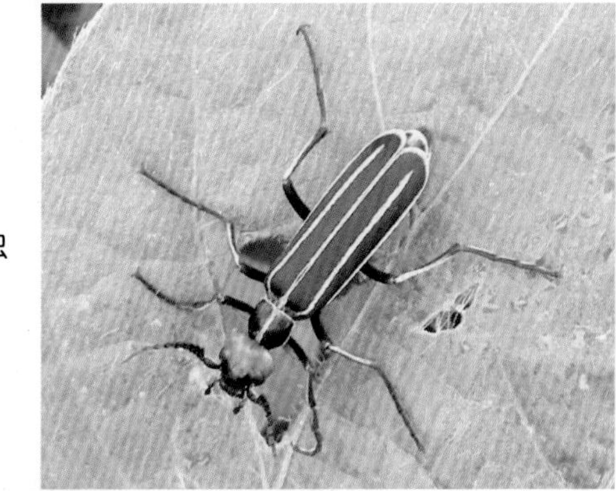

156. 白条芫菁成虫

157. 双斑萤叶甲成虫

158. 大猿叶虫成虫

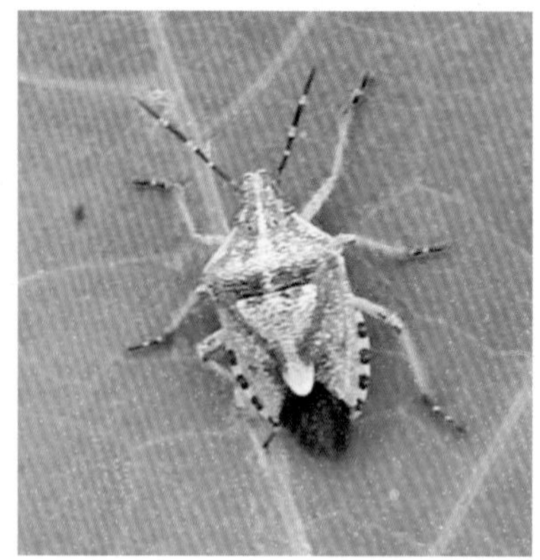

159. 斑须蝽成虫

160. 斑须蝽幼虫

161. 赤条蝽成虫

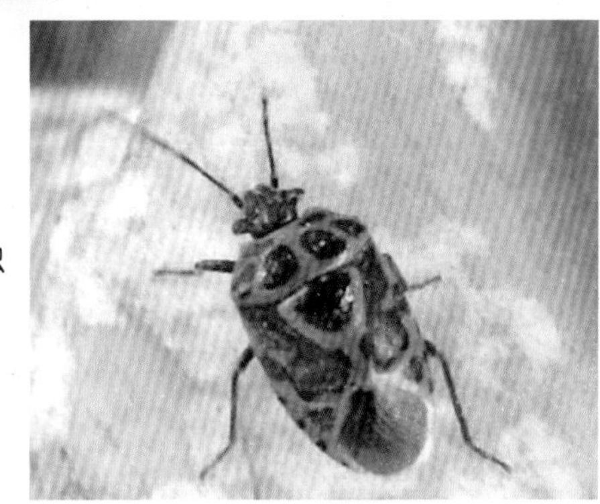

162. 河北菜蝽成虫

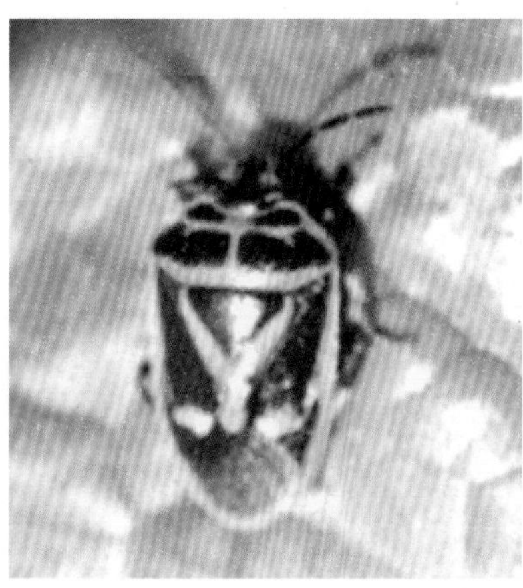

163. 横纹菜蝽成虫

164. 横纹菜蝽若虫

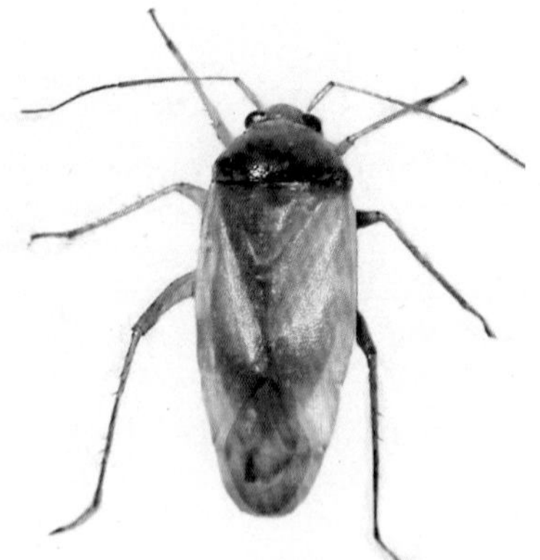

165. 绿盲蝽成虫

166. 牧草盲蝽成虫

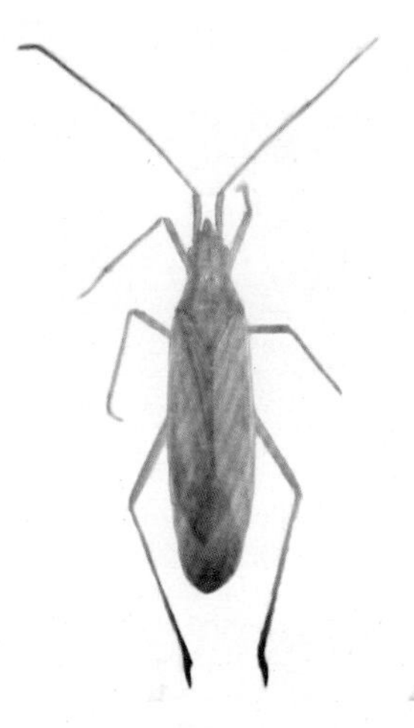

167. 赤须盲蝽成虫

168. 粟缘蝽成虫

169. 粟缘蝽的卵

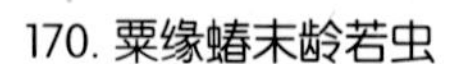
170. 栗缘蝽末龄若虫

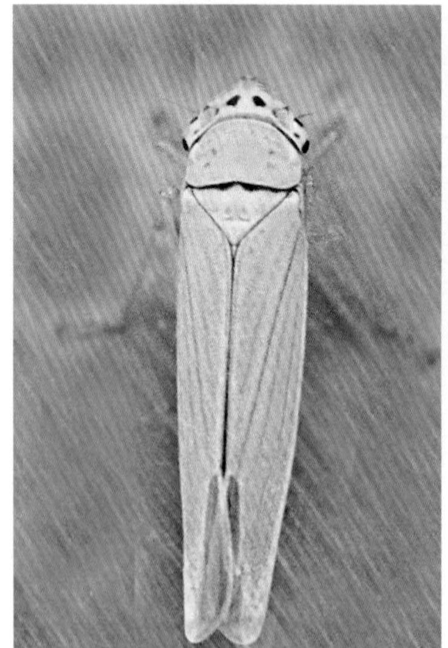
171. 大青叶蝉成虫

172. 桃 蚜

173. 白粉虱危害的叶片（正面）

174. 白粉虱危害的叶片（背面）

175. 群集的白粉虱成虫

176. 白粉虱成虫

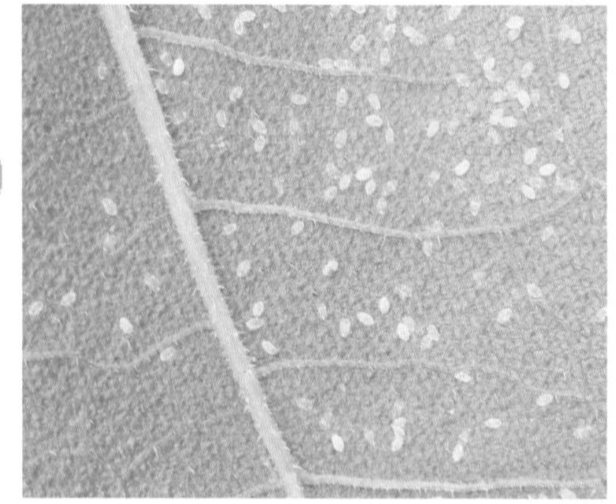

177. 群集的白粉虱若虫

178. 白粉虱若虫

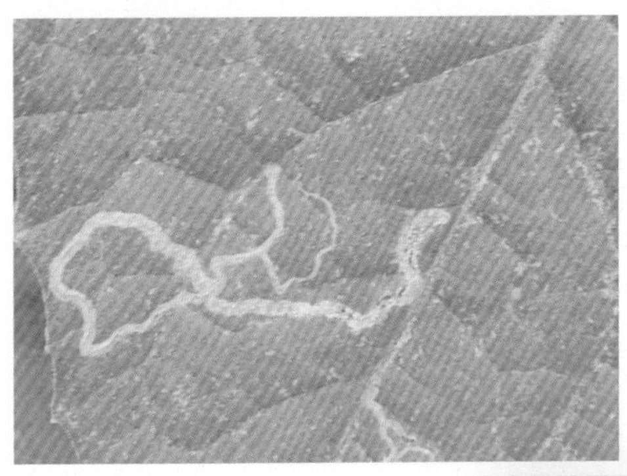

179. 豌豆彩潜蝇危害状

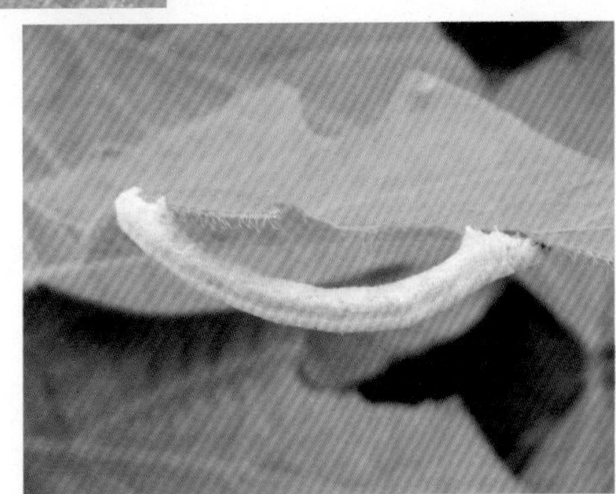

180. 大造桥虫幼虫

181. 美国白蛾危害状

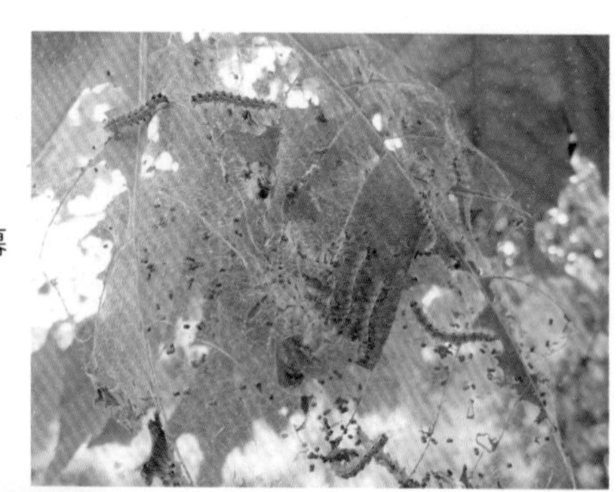
182. 美国白蛾幼虫制作的网幕

183. 美国白蛾幼虫

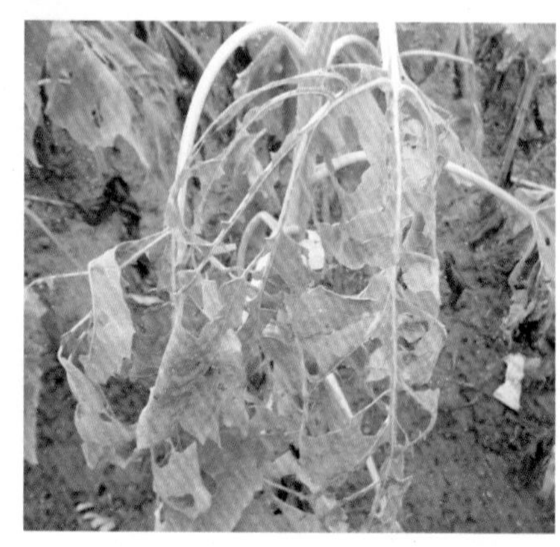
184. 黏虫危害状

185. 黏虫成虫

186. 黏虫幼虫

187. 黏虫的蛹

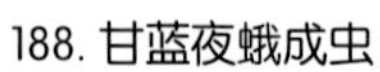
188. 甘蓝夜蛾成虫

189. 甘蓝夜蛾三龄幼虫

190. 甘蓝夜蛾老熟幼虫

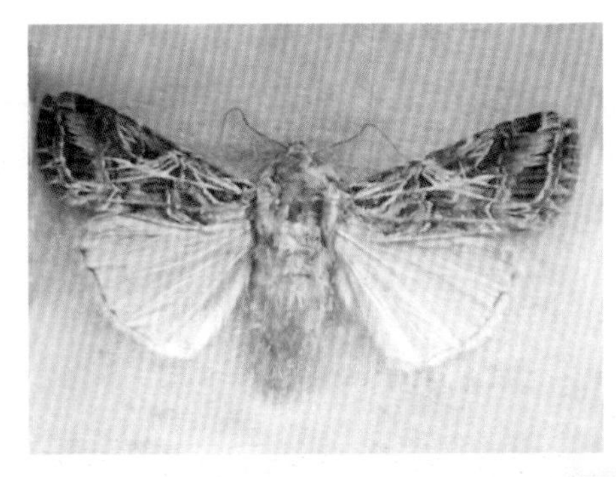
191. 斜纹夜蛾雌成虫

192. 斜纹夜蛾幼虫

193. 银纹夜蛾成虫

194. 银蚊夜蛾幼虫

195. 甜菜夜蛾成虫

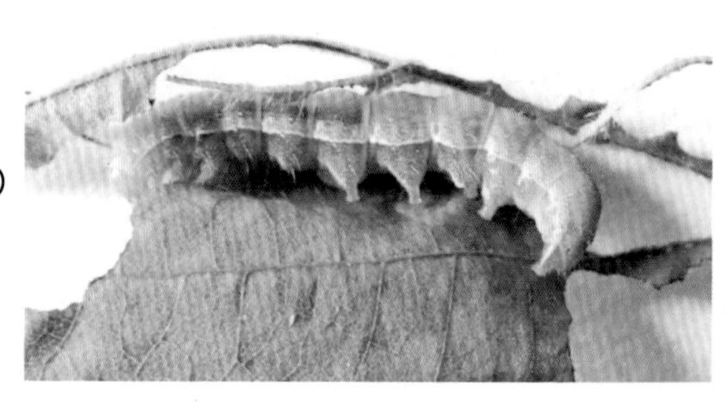
196. 甜菜夜蛾幼虫(侧面)

向日葵病虫害诊断及防治技术

商鸿生　王凤葵　胡小平　编著

金盾出版社

内 容 提 要

本书全面系统地介绍了50种(类)向日葵病虫害,涉及传染性病害、高等寄生植物、重要害虫和一般害虫等4类。对每一种病害都介绍了症状识别、病原物、发生规律和防治方法等项,害虫则介绍了危害特点、形态特征、发生规律和防治方法。本书内容丰富,解释清晰,有彩照200幅,插图52幅,有助于读者全面、准确地了解向日葵病虫害,适用于向日葵栽培者,植保、植检人员,农技推广人员,农药种子营销人员,农业院校师生与科研人员以及关心向日葵生产的各界人士阅读使用。

图书在版编目(CIP)数据

向日葵病虫害诊断及防治技术/商鸿生,王凤葵,胡小平编著.—北京:金盾出版社,2014.1
ISBN 978-7-5082-8747-8

Ⅰ.①向… Ⅱ.①商…②王…③胡… Ⅲ.①向日葵—病虫害防治 Ⅳ.①S435.655

中国版本图书馆CIP数据核字(2013)第215507号

金盾出版社出版、总发行
北京太平路5号(地铁万寿路站往南)
邮政编码:100036 电话:68214039 83219215
传真:68276683 网址:www.jdcbs.cn
封面印刷:北京精美彩色印刷有限公司
彩页正文印刷:北京盛世双龙印刷有限公司
装订:北京盛世双龙印刷有限公司
各地新华书店经销

开本:850×1168 1/32 印张:8 彩页:64 字数:146千字
2014年1月第1版第1次印刷
印数:1~8 000册 定价:19.00元

前　言

栽培向日葵起源于北美，适于在温带地区种植，按籽实的经济用途，可分为油用型、食用型和中间型等3个类型。油用型向日葵即油葵，杂交种籽实含油率高达38%～50%，蛋白质含量可达20%。油葵是世界第二大油料作物，有40多个国家种植油葵，我国也是栽培面积较大的国家之一。

我国于1956年从苏联、匈牙利等国家引入油葵种子，1979年从法国引进油葵不育系，吉林省向日葵研究所等单位相继选育出一批优良杂交种。20世纪80年代以来大量由国外引种，进行大规模商业化生产，栽培区域和面积迅速扩大。当前栽培面积较大的省(区)有内蒙古、山西、黑龙江、新疆、吉林、河北、陕西和辽宁等。我国北纬35°～50°之间，约300万平方公里的区域适于向日葵生长，可成为"中国向日葵带"，其间北纬38°～39°为春播区与复播区的分界线。黄土高原、内蒙古西部、北疆适于栽培油葵，东北平原、华北东部适于发展非油用向日葵。中国向日葵发展前景非常广阔。

全世界有记载的病害有90余种，害虫更多达540多种。其中不少是世界性重要病害或害虫，分布广泛，危害严重。诸如菌核病、锈病、霜霉病、白粉病、黄萎病、黑斑病、列当、葵螟、花蚤以及多种地下害虫等，在我国也是重要防治对象。但是，在所报道的有害生物中，还有多数偶发性害虫和弱寄生性病原物，既没有检疫重要性，也不是常规防治对象。

向日葵有害生物的来源和传播态势复杂多样，造就了各地有害生物区系的明显差异。北美洲是向日葵起源中心，在野生向日葵和栽培向日葵长期演化过程中，出现了一批食性或寄生性专化的有害生物，通过引种等人为传播途径陆续向世界其他栽培地区扩散，这构成了向日葵有害生物传播的主要模式。向日葵霜霉病菌和向日葵螟就是著名实例。在我国，向日葵霜霉病最早发现于黑龙江省（刘惕若等，1963），以后又多次传入，遂成为常见病害。欧洲葵螟最早传入黑龙江省（叶家栋等，1965），现在东北、西北等地发生相当严重。

在北美洲仍有许多特有的有害生物，诸如向日葵红色种子象（*Smicronyx fulvus*），向日葵灰色种子象（*Smicronyx sordidus*），向日葵叶甲（*Zygogramma exclamationis*），向日葵瘿蚊（*Contarinia schulzi*），向日葵茎象甲（*Cylindrocopturus adspersus*），美洲葵螟（*Homoeosoma electellum*），向日葵斑蛾（*Cochylis hospes*）等，需注意防范传入。

各地在栽培向日葵以后，多种有害生物由其他寄主迁移危害，这些种类在向日葵有害生物记录中占据多数。其中包括分布广泛的多食性昆虫与多寄主病原菌，也包括一些地方特有种类。例如，美国大平原地带自20世纪70年代大规模栽培油葵后，其他作物转移来的害虫多达150余种，一些种类适应后，已成为向日葵的主要害虫。我国当前发生的向日葵害虫，大多数也是由当地其他作物转移而来的多食性害虫。

我国对向日葵病虫害的研究基础薄弱，专门的研究很少，向日葵有害生物底码不清。农业部全国农技中心在21世纪初叶，牵头实施了农作物检疫性有害生物的全国普查，历经3年。以此为契机，编著者进行了向日葵病虫害调查，遍历各向日葵主要栽培区，持续达10年。本书可视为调查的主要结果之一，它以公众喜闻乐见的形式奉献给大家。在本书付梓之际，特向给以支持和帮助的全国农技中心以及黑龙江、吉林、辽宁、内蒙古、山西、山东、陕西、甘肃、宁夏和新疆等省(区)植保(植检)站表示衷心的感谢。

本书内容以彩色照片和文字说明为主，为了突出表示有害生物的一般特征，采用了52幅黑白线条插图。这些插图并不是编著者绘制的，其来源除了图题中标明的以外，大多数仿自前西北农学院植保系编写的《植物病理学基础插图》和《农业昆虫学原理》，在此一并说明。

本书第四章介绍了24种(类)一般害虫，它们是从其他寄主迁移危害向日葵的，对向日葵本身的重要性虽然因地因时而异，但都是农作物重要害虫，各有其主要寄主。单独就向日葵进行防治，并不必要也很难奏效。因此，对这些一般害虫的发生规律和防治方法的介绍，并不局限于向日葵，而侧重于其主要寄主。另外，在各种病虫害的药剂防治部分，列举了一些有效药剂和施用浓度，这些仅供参考，各地在进行药剂防治时，应先通过试验或少量试用，找出适用于当时当地的药剂及其使用技术。

本书很可能是国内第一部全面介绍向日葵病虫害的著作，由于可资借鉴的参考资料非常缺乏，又囿于我们的学识和经验，可能存在缺陷或错误，希望广大读者不吝指正。

商鸿生

西北农林科技大学

目 录

第一章 病 害

一、霜 霉 病

霜霉病是向日葵最重要的病害之一，分布广泛，危害严重。病株籽实较少、较轻，皮壳比率较高，含油量较低，发芽率降低。系统侵染的重病株矮缩，不产生或产生少量的籽实，产量损失一般都在50％以上。

【症状识别】 苗期、成株期均可被侵染，主要表现全株系统发病症状，但也有再侵染产生的局部症状。

1. 田间成株症状 田间系统发病植株表现全株性症状，易于识别(彩照 1)。发病植株矮化，一般不及健株高度的 2/3，严重的仅为 1/10 左右。开花期正常的健康植株高可达 1.5～1.8 米，甚至在 2 米以上，而系统发病植株只有 0.1～1.0 米(彩照 2)。叶片沿叶脉退绿黄化，且上部叶片较下部叶片严重(彩照 3)。叶片黄化部位产生白色霜霉层，内含病原菌的孢囊梗和孢子囊，以叶片背面最多(彩照 4，彩照 5)。发病叶片还不正常加厚，呈泡状皱缩，后期变褐焦枯(彩照 6)。另外，病株的根系不发达，次生根少，茎秆细弱，表面也有白色霜霉层(彩照 7)。病株的花盘小，严重病株花盘直径仅 1～5 厘米，僵硬，盘面向上，失去向光性，多不结实，偶或结实，籽粒少而皱缩。

症状表现受侵染时期和品种抗病性的影响。早期侵染的植株严重矮化，茎叶细小，多在成熟前死亡。后期侵染的植株可能直到开花期才表现症状。有的病株叶片无症状或仅叶脉周围轻微退绿，产生外观正常的种子，但种子可能带菌传病。

病株产生孢子囊，但再侵染现象较少。发生再侵染后，在叶片上产生局部病斑，病斑多角形，黄绿色，可相互汇合成较大斑块，病斑的背面也可能形成霜霉层。有时再侵染也能引起中上部茎叶出现系统症状，但很少见。

2. 带菌种子产生的苗期症状　病种子萌发率低，出苗少，幼苗细弱矮小，可能表现系统症状，局部症状或无症带菌。表现系统症状的幼苗较少，这类幼苗在出苗2～4周后，出现沿叶脉失绿等典型的系统症状，有的出现霜霉层，还有的不出现霜霉层。许多病苗在下胚轴、根部或茎基部出现局部侵染。例如，在下胚轴近土壤表面处，出现坏死斑，造成幼苗猝倒。局部侵染还导致组织增生，产生瘿瘤，从而减弱生长势，造成倒伏。有些幼苗当年不出现表观症状，但内部带菌。

难以诊断时，可保湿诱发孢囊梗和孢子囊产生。该法用塑料袋套在幼苗上，在20℃下保湿16小时，若为霜霉病，子叶和真叶上可产生霜霉层，偶见下胚轴、茎和叶柄上也产生霜霉状物。下胚轴的局部症状不易发现，需将幼苗由土壤中移出，仔细观察下胚轴近土表部位有无变色、斑痕、肿大或形成瘿瘤等现象。

幼苗症状表现还受到向日葵品种抗病性的影响，差异很大。详见表1。

表1　向日葵品种抗病性对幼苗霜霉病症状表现的影响

品种抗病性程度	症　状	病原菌扩展范围
感　病	幼苗猝倒，下胚轴、上胚轴、子叶和真叶上产生孢子囊，叶片退绿	整　株
中度抗病	下胚轴和子叶上产生孢子囊	根、下胚轴和子叶
抗　病	下胚轴上有病斑和(或)孢子囊形成	根和下胚轴
高度抗病	无症状	无病菌侵染

【病原菌】 病原菌为霍尔斯单轴霉，学名 *Plasmopora halstedii*（Farl.）Berl. & De Toni，属于藻物界，卵菌门，卵菌纲，霜霉目，霜霉科，单轴霉属。

该菌的异名向日葵单轴霉（*P. helianthi* Novot）仍为部分学者采用，也有人采用专化型名称，即向日葵单轴霉向日葵专化型（*P. helianthi* f. sp. *helianthi*），该专化型仅寄生于向日葵属一年生植物。

霍尔斯单轴霉菌丝体在寄主细胞间蔓延，无色，无隔膜，吸器小，球形（彩照8，彩照9）。孢囊梗1～4枝，从寄主气孔伸出，具隔膜，长350～630微米，主轴长105～370微米，宽9.1～10.8微米，上部单轴分枝6～11次，分枝处呈直角或近直角，末枝直，顶端钝圆。孢子囊单生在末枝顶端。叶片上产生的孢子囊卵圆形、椭圆形至球形，顶端有一个乳头状突起，大小16～35微米×14～26微米（彩照10）。孢子囊萌发产生游动孢子或芽管。卵孢子生于藏卵器内，球形，近球形，壁平滑或略有皱褶，黄褐色，单生，直径23～30微米（彩照11）。

霍尔斯单轴霉专性寄生，有生理分化现象，根据其寄生的专化性，已鉴别出多个生理小种。世界各主要霜霉病发生区的小种类型不同，有的地方小种类型较多。例如，在美国北达科他州，自2000年以来，已经鉴定发现了12个小种，其中优势小种为710小种、730小种和770小种。

【发生规律】 病原菌主要以卵孢子在土壤、病残体或种子中越冬，成为翌年发病的初侵染菌源。卵孢子能在土壤长期存活，甚至休眠14年之久，仍能保持生活力。卵孢子可随土壤或种子传播。

春季在适宜条件下，越冬卵孢子萌发产生孢子囊。孢子囊萌发后，释放出游动孢子，游动孢子借助鞭毛运动，趋向幼苗，附着在下胚轴或初生根上，然后游动孢子变为休止孢子。休止孢子产生侵入丝，多直接穿透表皮而侵入。侵染菌丝在细胞间扩展蔓延，并产生吸器，进入细胞，吸取营养物质。霜霉病菌的菌丝可在薄壁组织的细胞间上行扩展，进行系统侵染，从根部逐渐进入茎秆、叶柄、叶片、花器和果实。霜霉病菌有潜伏侵染现象，有些病株没有明显的表观症状，与健株无异，但根部带菌，可以产生孢子囊，在根部和茎基部还可能产生卵孢子。

病株叶片背面和其他部位产生白色霜霉层，这是病原菌的孢囊梗和孢子囊。孢子囊可随风雨传播扩散，着落在向日葵叶片上，从气孔或伤口侵入，在叶片上产生多角形病斑。但这种再侵染发生较少，不具有重要意义。

霜霉病菌以菌丝体、吸器和卵孢子潜藏在种子（瘦果）的内果皮和种皮中，种子表面也污染有孢子囊和卵孢子。另外，种子间混杂的病株残片也可能带有菌丝体、孢子囊和卵孢子。霜霉病菌可随带菌种子远程传播，进入未发病区。播种带菌种子，当季仅出现少数系统侵染的病株，相当多的幼苗不表现症状，无症带菌。

影响发病的因素主要有菌源量、品种抗病性、株龄、栽培条件和天气因素等。

多年连作向日葵，致使土壤带菌量增多，病情逐年加重。带菌土壤随风雨、灌溉水、农事操作等途径传播，也使发病面积逐年扩大。

向日葵品种间抗病性有明显差异，抗病品种发生过敏性反应，使侵染点的寄主细胞坏死，侵染中断。还有些抗病品种的上胚轴可阻滞病原菌上行扩展，使之局限在根部。

苗龄是限制病原菌系统侵染的重要因素。病原菌从根部入侵的关键时期是种子萌发至 6～8 片真叶期。有人接种 2 片真叶期幼苗，有 24％的幼苗出现系统侵染，而接种 4 片真叶期的幼苗，无一表现系统侵染。向日葵进入成株期以后，抗病性明显增强。

卵孢子萌发，孢子囊的形成和萌发都需有充足的水分条件，萌发后产生的游动孢子也需有自由水才能游动到达侵入部位。幼苗期降水增多,系统侵染也明显增多。在播种后7～14天内,若土壤中有充足的自由水,发病率会明显提高。孢子囊萌发最适温度为16℃～18℃,在6℃～26℃的范围内都能萌发。人工接菌测定,发现最适侵染温度是15℃,在25℃时很少发生侵染,30℃时不发生侵染。

冷凉湿润的气候条件适宜发病,向日葵播种后遇有低温高湿条件,幼苗发病趋重。一般说来,高海拔地区较低拔地区发病严重,阴坡较阳坡发病严重,水地较旱田发病重,土壤湿度高或地下水位高的重茬地发病最重。

【防治方法】

1. 种植抗病品种 选育和种植抗病品种是防治霜霉病的主要措施。向日葵对霜霉病的抗病性有多种类型,但迄今所利用的主要是小种专化抗病性,此种抗病性会因小种更替而失效。因而需持续进行小种监测,根据小种变化,有针对性地选育和推广抗病品种,实施品种合理布局。

2. 使用无病种子 不得从病区引种,防止随种子引入霜霉病菌。要建立无病留种田,生产不带菌健康种子,供大田使用

3. 栽培防治 与禾本科作物实行3～5年轮作,有的地方以田间病株率1%为实行轮作的指标;清除和销毁田间病残体,深翻土地,铲除杂草和自生葵苗;适期晚播,合理密植,防止过密;苗期进行发病监测,发现病株后,及时拔除,防止病情扩展。

4. 药剂防治 病重田块用种子重量0.3%的25%甲霜灵可湿性粉剂或58%甲霜灵·锰锌可湿性粉剂拌种。

苗期发病初期喷施杀菌剂,每隔7～10天喷1次,连喷2～3次。有效药剂有25%甲霜灵可湿性粉剂800～1 000倍液,58%甲霜灵·锰锌可湿性粉剂1 000倍液,72%霜脲·锰锌(克露)可湿性粉剂800～1 000倍液,72.2%霜霉威(普力克)水剂600～1 000

倍液，40%三乙膦酸铝可湿性粉剂 300～500 倍液，64%噁霜·锰锌(杀毒矾)可湿性粉剂 600～800 倍液，69%烯酰吗啉·锰锌(安克·锰锌)可湿性粉剂 1 000～1 500 倍液等。为防止抗药性霜霉病菌产生，应轮换使用有效成分不同的杀菌剂。

二、白锈病

白锈病是一种局部地区分布的重要病害，国内目前仅发生在新疆。病株减产 10%～30%，平均 15%。

【症状识别】 病原菌侵染叶片、叶柄、茎秆、花萼等部位，叶片的症状最明显(彩照 12)。病株下部叶片先发病，逐渐蔓延到中上部叶片。叶片正面产生淡黄色或淡绿色的疱斑(彩照 13)，疱斑突起，大小变化较大，直径 1 毫米至 1 厘米不等，有时几个疱斑聚生。在叶片背面与疱斑相对应的部位，形成黏质状白色斑块，为病原菌的孢子囊堆(彩照 14)。覆盖孢子囊堆的表皮破裂后，散出白色粉末状的孢子囊。疱斑在叶片上的数目和分布也不一致，有的散生(彩照 15)，也有的沿叶脉密集分布，还有些疱斑紧密集聚，形成大斑块(彩照 16，彩照 17)。后期，病叶片疱斑邻近的叶组织变褐坏死，并逐渐加重，以至叶脉间变黄褐色枯死，最后全叶褐变干枯(彩照 18 至 21)。

细弱的茎秆发病，初生暗黑色水浸状斑(彩照 22)，肿大，后期肿大部分失水，在凹陷处产生孢子囊堆，严重时可造成植株倒伏。叶柄症状与茎秆类似。花盘受害部位呈现暗黑色水浸状，后苞片上产生白色孢子囊堆，干枯(彩照 23)。

20 世纪 90 年代中期，在南非等地发现了一种新的症状类型，茎基部形成擦伤状病斑，造成茎秆破裂，病株倒伏。

【病原菌】 白锈病是卵菌病害，病原菌是婆罗门参白锈菌，学名 *Albugo tragopogonis* (DC.) Gray，属于藻物界，卵菌门，卵菌纲,白锈菌目,白锈菌科,白锈菌属。

病原菌菌丝无色,分枝,在寄主叶肉细胞间蔓延,以吸器伸入细胞内。随后在表皮细胞下,形成多个并列的孢囊梗,短棍棒形,尺度 40～50×12～15 微米,不分枝,顶端串生孢子囊。孢子囊球形、近球形或多角形,单胞,无色,尺度 18～22×12～18 微米。孢子囊之间有胶状的连接体,成熟后连接体溶化,使孢子囊脱离。孢子囊萌发后产生肾脏形游动孢子,直径 6～12 微米,具鞭毛,能游动。游动孢子从孢子囊顶端的裂口逸出。藏卵器圆形,内含一个卵孢子。卵孢子黑褐色,尺度 68×44 微米,壁上有刺疣。藏卵器生于寄主组织中(图 1)。

孢子囊在水滴中经 30 分钟就可萌发,产生游动孢子。孢子囊萌发不需光照,萌发的温度范围为 4℃～35℃,适温 12℃～15℃。游动孢子经短时间游动后,变为静止孢子,后者在 4℃～20℃范围内萌发,适温 15℃,萌发后产生 1 根,偶尔 2 根芽管。

【发生规律】 病原菌主要以卵孢子在病残体和土壤中休眠越冬,引起初侵染。在温暖地区,菌丝体和孢子囊也可能越冬。向日葵的种子带菌传病,其果皮和种皮中有卵孢子。

休眠后的卵孢子在适宜条件下萌发,产生泡囊,泡囊内形成多个游动孢子。游动孢子逸出后,随流水或雨滴飞溅传播,接触寄主。游动孢子萌发,产生芽管,从叶片上的气孔侵入,在气孔下腔内变为休止孢子,萌发后产生菌丝。菌丝在寄主细胞间扩展蔓延,并产生吸器穿透细胞壁,进入细胞,用以吸收寄主的营养物质。发病叶片上形成孢子囊堆,其内形成孢子囊,孢子囊成熟后脱出,随风雨传播,着落在寄主叶片上。在温度适宜,叶片表面有水膜时,孢子囊萌发,产生游动孢子,进行再侵染。在整个生育期,病原菌可持续发生多次再侵染,随着气温升高,侵染逐渐减少。生长末期温度下降,则在叶柄、茎部、花托和苞片等部位生成卵孢子。卵孢子随叶柄、茎或花盘进入土壤,在土壤中休眠越冬。卵孢子可存活

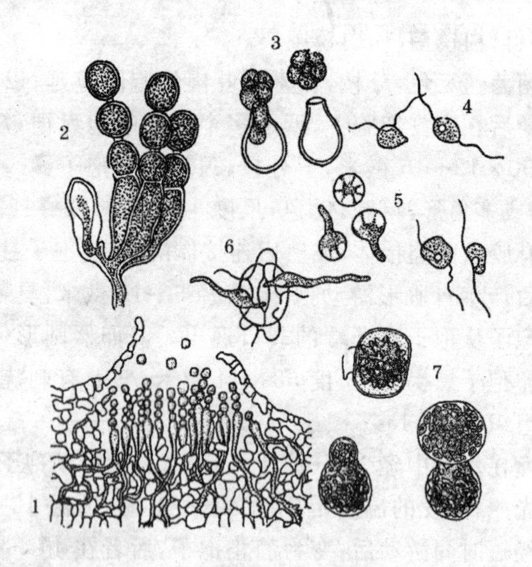

图1　白锈病菌形态示意图

1. 孢子囊堆　2. 孢囊梗和孢子囊　3. 孢子囊萌发　4. 游动孢子
5. 休止孢子　6. 游动孢子从气孔侵入　7. 卵孢子萌发产生泡囊

9 年以上。

白锈病菌侵染和发病的适温是 10℃～20℃，较冷凉和湿润的天气适于白锈病流行，降雨或重露尤其适宜。据南非报道，夜间气温低于 15℃，且湿度高，适于病原菌侵染，20℃～25℃适于发病。在新疆特克斯县，从 6 月初开始发病，6～7 月份为发病高峰期，8 月以后雨量减少，发病减轻。

【防治方法】

1. 实行检疫　向日葵白锈病菌为我国进境植物检疫性有害生物，应实行检疫，防止病原菌随种子传入。

2. 栽培防治　发病田停种向日葵，轮作小麦、玉米等禾谷类作物 3～5 年；向日葵收获后彻底清除田间病残体，深翻土地，清除田间杂草；种植抗病品种，适期播种无病种子；早期发现中心病株，及时拔除并喷布杀菌剂。

3. 药剂防治 种子处理可用种子重量0.3%～0.5%的25%甲霜灵可湿性粉剂拌种。田间在发病初期喷药,可供选用的药剂有25%甲霜灵可湿性粉剂600～800倍液,25%嘧菌酯(阿米西达)悬浮剂1 500倍液,58%甲霜灵·锰锌可湿性粉剂600～800倍液,72%霜脲·锰锌(克露)可湿性粉剂800～1 000倍液,69%烯酰吗啉·锰锌(安克·锰锌)可湿性粉剂800～1 000倍液,64%噁霜·锰锌(杀毒矾)可湿性粉剂800倍液等,每10～15天喷1次,连喷2～3次。

三、黄萎病

黄萎病是一种维管束病害,病株发育不良,叶片变黄萎蔫,花盘小,籽实瘪瘦,空粒率增高,严重时全株萎蔫枯死,招致严重减产,减产率可高达55%。在国内分布较广,东北、内蒙古、河北、甘肃、宁夏、新疆等重要向日葵栽培区都有发生,且发病区域有不断扩大的趋势。

【症状识别】 黄萎病多在成株期显现症状,开花前后下位叶片首先显症,逐渐向上部叶片发展,后期下部叶片或整株叶片萎蔫枯死(彩照24)。典型症状是病株叶片的叶脉间褪绿,生成形状和大小不一的黄色斑块。有些病株叶片变色从叶尖或叶缘开始出现,扩展到叶脉间,成为变黄斑块,随后脉间黄色斑块的中部坏死,变褐色。因品种不同,斑块形态多有变化,有的不规则形,变黄和变褐部位都很明显,很像褐色斑点周围镶有黄边(彩照25),有的褐色斑点明显,周围均匀褪绿,无黄边(彩照26),还有的脉间形成长条形褐色坏死斑,掌状,西瓜皮状(彩照27)。高度感病品种在开花前发病枯死,或开花后病株叶片迅速萎蔫下垂,变褐枯死(彩照28)。抗病品种病株叶片上仅叶缘或叶尖产生局部病斑(彩照

29)。

黄萎病是维管束病害,病原菌在病株茎叶维管束中蔓延,堵塞维管束,并分泌毒素致萎。横剖病株茎部,可见一圈维管束褐变(彩照 30)。在高湿度下,病叶两面或茎部可能出现不明显的白色霉状物。病株茎秆内部生成病原菌的黑色微菌核,不规则形,长度不足 0.1 毫米。

【病原菌】 黄萎病是真菌病害,病原菌为大丽(花)轮枝孢,学名 *Verticillium dahliae* Klebahn,是一种半知菌,属于丝孢纲,丝孢目,淡色孢科,轮枝孢属。

轮枝孢的菌丝体无色或淡色,分生孢子梗直立,纤细,无色,有隔膜,分枝,一级分枝对生或互生,二级分枝轮生,双叉式或三叉式着生在一级分枝上。分枝末端和和主梗顶端生有瓶状产孢细胞。产孢细胞内壁芽生,瓶梗式产孢。顶生单个分生孢子,由于分生孢子连续产生,在产孢细胞顶端,由多个分生孢子聚集成无色或淡色易散的孢子球(彩照 31)。大丽(花)轮枝孢的分生孢子梗长 110~130 微米,直径 2.5 微米,其基部透明,上部有 2~4 层轮生的枝梗和一个顶枝。每层间距 20~45 微米,每轮有 3~4 根枝梗,枝梗尺度 13.7~21.4 微米×2.3~2.7 微米。分生孢子单胞,椭圆形、长卵圆形,无色或微带淡色,尺度 2.3~9.1 微米×1.5~3 微米。大丽(花)轮枝孢的休眠体为黑色微菌核,形状不规则,尺度 35~215 微米×21~69 微米(图 2)。该菌生长温度 10℃~33℃,以 23℃最适。

大丽(花)轮枝孢的寄主多达 600 余种植物,由不同寄主分离的菌株致病性有所不同。大丽(花)轮枝孢引致向日葵、棉花、马铃薯、多种蔬菜和园林植物的黄萎病。

【发生规律】 向日葵黄萎病菌主要以微菌核在病残体和土壤中越冬,成为下一季发病的初侵染菌源,种子也能带菌传病。播种后病原菌从根部伤口侵入或从幼根直接侵入,然后进入维管束,进

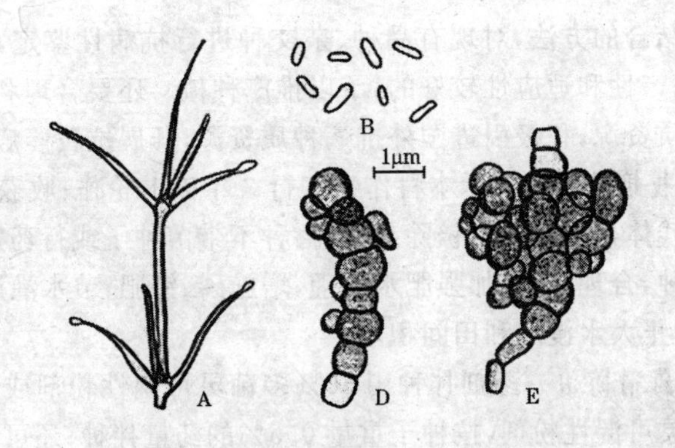

图 2 大丽(花)轮枝孢形态示意图

A. 分生孢子梗 B. 分生孢子 D. 幼小微菌核 E. 成熟微菌核

(仿自 CMI Descriptions of pathogenic fungi and bacteria)

行系统侵染,造成全株发病。每个生长季仅发生一次侵染。该菌寄主范围广泛,其他种类的罹病作物、杂草以及各种病残体也传带大丽轮枝孢,它们也有可能成为向日葵发病的菌源,其具体作用需依据各地的实际情况确定。为正确评估菌源衔接作用,最好从各种罹病作物分离病原菌,接菌测定分离菌株对向日葵的致病性。

黄萎病菌随带菌土壤、病残体,带菌种子在田间传播和远距离传播。带菌土壤颗粒和病残体碎屑则随气流、雨水、灌溉水、农机具、昆虫等介体的传带而扩散蔓延。种子(瘦果)果皮带菌,胚和胚乳不带菌,种子间夹杂的土壤、植物碎屑也可能带菌。

黄萎病菌在土壤中可存活多年,难以防治。重茬地、低洼地、轻质土壤田块发病严重。向日葵多年连作或与棉花、茄果类蔬菜接茬,是黄萎病逐年加重的重要原因。田间排灌失调,大水漫灌,土壤湿度高,有利于病原菌微菌核萌发,也加重发病。

【防治方法】

1. 种植抗病品种 选育和种植抗病品种、耐病品种是防治黄萎病的主要方法。首先应采用室内接菌鉴定法与田间自然发病鉴定法相结合的方法，对现有品种、杂交种进行抗病性鉴定，选出抗病性、高产性和适应性较好的，予以推广种植。还要合理利用现有抗病种质资源，积极引进国外抗病种质资源，开展抗黄萎病育种。

2. 栽培防治 与禾本科作物实行 3 年以上轮作；收获后清除田间病残体，深翻土地，铲除杂草；播种不带菌种子或行药剂拌种，适期播种，合理密植，加强肥水管理，增施磷、钾肥，节水灌溉，排灌结合，防止大水漫灌和田间积水。

3. 药剂防治 药剂拌种用 50%多菌灵可湿性粉剂或 50%甲基硫菌灵可湿性粉剂，按种子重量 0.5%的药量拌种；还可用 80%乙蒜素(抗菌剂 402)乳油 1 000 倍液浸泡种子 30 分钟，晾干后播种；2.5%咯菌腈(适乐时)悬浮种衣剂 10 毫升加 35%金普隆乳化种衣剂 2 毫升，对水 150～200 毫升，包衣 4 千克种子，晾干后播种。

在田间发病初期，用 50%多菌灵可湿性粉剂 500 倍液，或 70%甲基硫菌灵可湿性粉剂 800～1 000 倍液灌穴，每株约用 250 毫升药液。

四、菌核病

菌核病是向日葵最重要的病害和主要防治对象，分布于全世界各向日葵栽培地区。病原菌可以侵染向日葵各器官，导致根腐、茎腐、叶腐和盘腐。严重病株迅速干枯死亡，全田毁灭。病株所结花盘小而轻，不结实或结实不良。据吉林省的测定，菌核病所造成的减产率达 45%以上，百粒重降低 31.1%，容重和种仁重显著下降，皮壳率增高 32.4%，种仁蛋白质含量下降 17.1%，含油量下降 27.1%。病花盘的种子发芽势弱，发芽率和出苗率低，且种子可能内外带菌，并混杂菌核，不能作种用。发病田土壤被病原菌污染，且带菌量逐年增多，以至多年不能种植向日葵和其他寄主作物。

【症状识别】 黄萎病的症状复杂多样。通常土壤中的黄萎病菌侵染向日葵后，出现根腐、茎基腐或整株枯萎，而气传孢子侵染向日葵后，出现中上部茎秆腐烂，叶片腐烂和花盘腐烂。可将这些复杂的症状，大致归纳为根腐型、茎腐型、叶腐型、盘腐型等4种症状类型。

1. 根腐型(枯萎型)　这是菌核病的基本类型，从苗期至成熟期均可发生，危害严重。种子萌发后，幼芽和胚根出现水浸状褐色病斑，扩展后导致幼芽腐烂，不能出土。幼苗根部和茎基部则变褐腐烂，叶片变黄，后萎蔫枯死。高湿时发病部位出现白色菌丝体。

成株期发病，表现根腐，茎基腐和整株枯萎，现蕾期和开花期为发病的高峰期。病株的须根、侧根和主根腐烂，变黑褐色(彩照32)，后期病根皮层开裂，露出纤维状维管束组织，病根表面可能出现菌丝体和菌核。茎基部产生黄褐色坏死斑，后环绕茎部一周，使茎基部腐烂(彩照33)，以后发病部位逐渐向上部扩展，长度可达50厘米以上(彩照34)，茎秆表面发病变色部分往往有同心轮纹(彩照35)，潮湿时长出灰白色菌丝体和黑色鼠粪状菌核，未成熟菌核外面被灰白色菌丝体包裹(彩照36)。病茎秆的髓部组织腐朽消解，也生有灰白色菌丝体和黑色菌核(彩照37)。发病茎秆干而脆，易折断。

由于根部和茎基部溃疡，养分、水分的吸收和输导减少，致使叶片由下到上出现急性萎蔫，病株枯死。据此，这一症状类型也被称为“枯萎型”。植株枯萎最早出现于开花前，多数(60%～70%)出现于开花后。病株最初叶片青干(彩照38)，后变黄褐色萎垂，花盘也变褐，且弯头下垂(彩照39)。在适宜条件下，由病株出现到全部萎蔫仅需4～7天(彩照40)。

2. 茎腐型　多在花期开始发病，一直延续到成熟期。病株的茎秆中部和中上部，产生枯黄色至褐色的病斑，近椭圆形，向两端和两侧扩展，有多层同心轮纹，发病部位以上的叶片萎蔫。发病茎秆内部中空，也生有菌丝体和菌核（彩照41,42,43）。病株常在茎秆腐烂处弯折破裂。

3. 叶腐型 多发生于病株中、上部叶片，从叶缘开始产生褐色病斑，病斑形状不规则，可扩展到大部分叶片或整个叶片，略有同心轮纹。湿度高时病叶迅速腐烂，表面出现白色霉状物，天气干燥时病斑可能从中间裂开或穿孔脱落（彩照44,45）。

4. 盘腐型 发病早的，造成烂头，花盘停止发育，不结实而枯死（彩照46）。发病较晚的，最初在花盘背面和苞片上产生褐色水渍状病斑，近圆形或不规则形，扩展后病斑相连，覆盖大半花盘或整个花盘，病部组织变软腐烂，高湿时长出白色、灰白色霉状物（彩照47,48）。菌丝体可穿过花盘在籽实之间蔓延，形成菌核，并致使种子层腐烂脱落，仅残留破碎的丝缕状骨架，若发病较轻，不破碎成丝缕状，则收获时腐烂花盘溃散，残留种子脱落。种子空秕，种子间混杂多数菌核（彩照49）。

【病原菌】 菌核病是真菌病害，病原菌有核盘菌和小核盘菌，都属于子囊菌门，盘菌亚门，锤舌菌纲，柔膜菌目，核盘菌科，核盘菌属。

主要致病菌是核盘菌，学名 *Sclerotinia sclerotiorum*(Lib.)de Bary。该菌在寄主表面或茎秆内部空腔中形成菌核，菌核鼠粪状、豆瓣状、不规则状，皮层黑色，髓部无色，尺度5～18毫米×2～6毫米。每个菌核产生1～9个子囊盘，子囊盘盘状，直径1.7～7毫米，褐色，有柄。盘上生多数平行排列的子囊和侧丝。子囊圆筒形，无色，壁单层，顶壁稍厚，有顶孔，内生子囊孢子8个。子囊孢子椭圆形或纺锤形，单胞，无色，尺度7.5～11微米×3～4微米。核盘菌侵染374种阔叶植物，主要寄主植物有向日葵、大豆、豌豆、菜豆、亚麻、油菜、马铃薯、番茄、辣椒、莴苣、黄瓜等。多种阔叶杂草也是其寄主。

小核盘菌学名为 *Sclerotinia minor* Jagger，仅分布于局部地区,其菌核比核盘菌小,通常直径小于 2 毫米,这是区分两个种的重要特征。小核盘菌侵染所引起的症状,发病规律以及防治方法都与核盘菌相同。小核盘菌的寄主植物有 94 种。在内蒙古巴彦淖尔盟,小核盘菌菌核萌发后,产生侵染菌丝,侵入向日葵根或茎部,中、后期病株整株枯死,发病率几乎等于损失率。

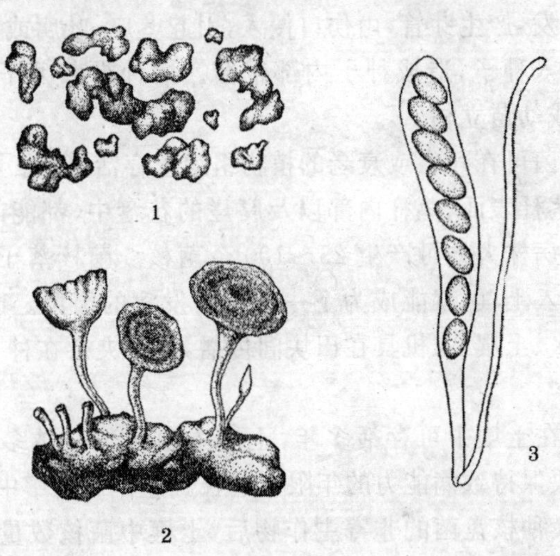

图 3 核盘菌形态示意图

1. 菌核 2. 子囊盘 3. 子囊和子囊孢子

【发生规律】 病原菌主要以菌核在土壤内,病残体中或夹杂在种子间越冬。菌核经 3~4 个月的休眠期,就可以萌发。菌核有两种萌发方式,分别产生侵染菌丝或子囊盘。春季温度适宜,土壤较干燥时,土壤内的菌核萌发,产生侵染菌丝,侵入根部,造成根腐,继而病原菌上行进入茎部,导致茎基部腐烂和病株萎蔫死亡。病原菌还借助植株间根系的接触而侵染邻近植株,使病株不断增多,发病区段迅速扩大。

春季气温回升至 5℃以上,土壤潮湿时,土壤中的菌核萌发,产生子囊盘而突出地面。以这种方式萌发的菌核大多分布于土壤表层1～3厘米内，埋深7厘米以上的菌核就很难以这种方式萌发。子囊盘内产生子囊和子囊孢子。子囊孢子成熟后被弹射释放到空中，随气流传播，着落在向日葵植株上。有人测得子囊孢子随气流传播距离，至少可达1 600米。植物体表面有水膜存在时，子囊孢子萌发，产生芽管，由伤口侵入，引起茎腐、叶腐或盘腐。核盘菌也能侵入种子，造成种子内部带菌。播种带菌种子，可发生芽死、苗腐或幼苗立枯。

核盘菌可在死亡或衰老的植物组织上存活繁衍。在病株枯死的根上、茎秆表面、茎秆内部以及腐烂的花盘中，都能产生许多菌核。一个病株大约可产生25～100个菌核。菌核落于土壤，或随病残体进入土壤，就能成为下一季作物发病的菌源。菌核可随风雨、灌溉水、土壤、农机具在田块间传播，也可夹杂在种子间远程传播。

菌核在土壤中可存活多年，土壤中菌核数量越多，发病就越重，该田块保持致病能力的年限也越长。连作田土壤中菌核量大，发病重，换种核盘菌的非寄主作物后，土壤中菌核数量逐年下降，发病率也随之降低。

土壤温度和湿度也是影响发病的重要因子。核盘菌生长的温度范围为0℃～37℃，最适温度25℃。菌核形成的温度范围5℃～30℃，最适温度15℃。形成子囊盘的温度范围5℃～20℃，最适温度10℃。子囊孢子萌发的温度范围0℃～35℃，在5℃～10℃时萌发最快。病原菌侵入适温为15℃～18℃，春季低温多雨，土壤湿度高，根腐、茎基腐发生重，花期7～8月份多雨高湿，适于子囊孢子侵染，盘腐严重。若适期晚播，错开雨季，就能减轻发病。

播量过大，植株密度高，有利于病原菌传播致病，发病较重。在高密度时，病株倒伏也增多。

【防治方法】

1. 轮作 避免向日葵重茬和迎茬，与麦类、玉米、高粱等禾本科非寄主作物实行 3 年以上轮作。发病率高，土壤中菌核数量较多的田块，应行长期轮作。有人提出枯萎株率低于 10%，应行 3～5 年轮作，高于 10%，应行 6～8 年以上的轮作。

2. 田间卫生 收获后清除田间病残体，刨出根茬，集中烧毁，深翻土地，将地面上菌核翻入深土中（10～15 厘米以下）使其不能萌发。防除田间阔叶杂草，铲除向日葵自生苗，发病田早期拔除病株。

3. 种子处理 机械汰除种子间夹杂的菌核，或用 35℃～37℃温水浸种 7～8 分钟，不断搅动，菌核吸水下沉，捞出上层种子晾干。另外，用 58℃～60℃温汤浸种 10～20 分钟，可杀死种子内部带菌。药剂拌种用种子重量 0.3%的 50%腐霉利（速克灵）可湿性粉剂或 40%菌核净（纹枯利）可湿性粉剂。药液浸种可用 50%多菌灵可湿性粉剂 500 倍液，浸种 4 小时。种子还可用 2.5%咯菌腈悬浮种衣剂包衣，100 千克种子用药 600～800 毫升。

4. 加强田间管理 与矮秆作物（菜豆、大豆等）间作；适期晚播，例如内蒙古巴盟推迟播种期到 6 月 1 日前后；合理密植，实行地膜覆盖，大小行种植，食葵密度每 667 米^2 2 500 株左右，叶片茂盛的品种酌情减少；配方施肥，控制氮肥，配合磷、钾肥或施用向日葵专用肥，培育壮苗；平整土地，合理灌溉，防止大水漫灌和田间积水；生育后期盘腐扩展快，应及时收获或适时早收，以减少损失。

5. 种植抗病、耐病品种 加强抗病品种的鉴选，推广种植抗病、耐病品种。例如，黑龙江的龙葵杂 1 号、2 号、3 号、4 号、5 号、6 号油用杂交种中度抗病，食用向日葵品种龙食葵 1 号、龙食葵 2 号也中度抗病。吉林省的白 971、寸嗑、白葵 4 号等耐病。美国杂交食葵 SH909 抗病。

6. 药剂防治 土壤处理用 50%腐霉利可湿性粉剂每 667 米^2 1 千克混拌适量沙土，在播种时均匀随种子施入播种沟内。

在盛花期至成熟期喷药 2～3 次，可选用 40%菌核净（纹枯利）可湿性粉剂 500～1 000 倍液，50%乙烯菌核利（农利灵）水分散性粒剂 1 000 倍液，50%腐霉利（速克灵）可湿性粉剂 1 500～2 000 倍液，70%甲基硫菌灵可湿性粉剂 1 000 倍液，60%多菌灵盐酸盐（防霉宝）超微可湿性粉剂 1 000 倍液，或 50%多菌灵可湿性粉剂 500 倍液等，重点喷布茎基部、花盘背面。

另外，还可在发病初期，用腐霉利药液或菌核净药液灌根，间隔 7～10 天后再灌一次。

五、炭腐病

向日葵炭腐病最早于 1927 年发现于斯里兰卡，现已成为向日葵的重要病害，分布在美国南部、南美洲、欧洲、苏联、非洲、南亚等地，以亚热带、热带地区发病最重。病株根、茎腐烂，易倒伏，多枯熟，花盘小，籽实灌浆不良。在高温干旱条件下，发病更为严重。炭腐病引起的减产率一般为 20%～36%。在前苏联产量损失率可达 25%，在巴基斯坦减产率更高达 30%～60%。国内南北各地皆有分布，中、南部栽培区发生较多。

【症状识别】 全生育期都可发病，引起烂种、芽腐、苗枯以及成株萎蔫枯死，开花期至成熟期症状最明显。病株根部腐烂，变暗褐色，内部灰黑色，生有微菌核。近土表的茎基部变灰白色或灰褐色，腐烂坏死，可环绕茎秆一周，并沿茎秆向上部扩展，可上升到 30～40 厘米高处（彩照 50,51）。茎秆发病坏死部分表面密生黑色小粒点（微菌核或分生孢子器），使之成为黑色，茎秆内髓部腐烂消解，残留维管束，维管束上也生出黑色病斑和黑色小粒点（微菌核），成为炭黑色（彩照 52）。病原菌也能侵染花盘和种子，病种子上也产生微菌核（彩照 53）。病株叶片先青枯，后变褐下垂，茎秆细弱，易倒伏，花盘小而下弯，结实减少，成熟前枯死。有的枯死株无明显茎基部溃疡斑，但也产生微菌核。

【病原菌】 炭腐病是真菌病害，病原菌为菜豆壳球孢，学名 *Macrophomina phaseolina*（Tassi）Goid.，是一种半知菌，属于腔孢纲，球壳孢目，壳球孢属，其有性态为子囊菌。

菜豆壳球孢的菌丝纠集形成大量微菌核，菌核坚硬，平滑，黑色，近球形，直径 50～300 微米。分生孢子器扁球形，炭质，黑色，散生或聚生，埋生在寄主组织内，孔口乳突状。产孢细胞内壁芽生，瓶体式产孢。分生孢子短圆柱形、长纺锤形，单胞，偶有 1 隔，平滑，无色。寄主范围广泛，侵染近 500 种植物，其中包括大豆、花生、芝麻、棉花、黄麻、甘薯、玉米、高粱、苜蓿、菜豆和豇豆等重要作物。

【发生规律】 病原菌主要以微菌核在土壤和病残体中越冬。微菌核生命力很强，在干燥土壤中可存活 10 年以上。春季在适宜条件下，越冬菌核萌发，侵染致病。播后 3～7 天的幼芽即可被侵染，多数幼苗在一片真叶期被侵染。尽管幼苗也可迅速发病致死，但在大多数情况下，并无可见的病斑，直至生育后期，植株含水量减少后方出现明显症状。若水分供应充足，即使根部被侵染，也不表现症状。这表明存在潜伏侵染现象。

接种试验和田间观察表明，病原菌首先侵染根毛和侧根，然后蔓延到主根和茎基部。根系被破坏后，养分、水分供应受阻，病株表现枯萎症状，由于失去支撑力，病株易被拔出。地上部的侵染也发生在茎秆基部，在出苗后 60 天，茎秆第一节的症状明显可见，在开花至近成熟期，病株叶片迅速萎蔫。但从茎部第三节以上的叶片，第五节以上的茎秆分离不出病原菌。

微菌核可随灌溉水、雨水、气流、土壤、农机具等传播。向日葵种子也能带菌传病。

湿度高，温度较低有利于幼苗侵染发病。土温高于 30℃，且受到干旱胁迫，土壤含水量低于 25%，则成株期发病加重。开花期以后持续高温干旱，非常有利于病情发展，病株在成熟前枯熟。多年连作，土壤带菌量增高，种植过密，过施氮肥，地势低洼，易于积水，以及遭受冰雹和虫害后，都能加重发病。

【防治方法】 炭腐病是一种土壤病害，防治炭腐病首先要采取措施，降低土壤菌量。有效措施包括实行4年以上轮作，收获后拔除根茬，清除田间病残体，深翻土地，清除田间杂草等。另外，还要加强栽培管理，平衡施肥，及时灌溉，减轻水分胁迫。某些抗旱杂交种也具有一定的抗病性，应因地制宜地鉴选和种植抗旱、抗病或耐病品种。必要时在发病初期，用20%甲基立枯磷（利克菌）乳油1 000倍液，或70%恶霉灵可湿性粉剂3 000～4 000倍液喷布向日葵茎基部。

六、白绢病

白绢病是一种土壤病害，危害根部和茎部，病株萎蔫枯死。白绢病主要发生在高温高湿的热带、亚热带栽培区，因而也被称作"南方疫病"。在北方灌区虽有发生，但不是重要病害。白绢病菌是土壤习居菌，寄主范围很广泛，多达200余种植物，难以防治。在带菌土壤中栽培向日葵，可招致严重损失，在摩洛哥有因病减产60%～80%的报道。

【症状识别】 病株近地面的茎基部初生水浸状不规则形暗褐色病斑，可绕茎一周，并造成茎秆腐烂。高湿时发病部位表面产生白色绢丝状菌丝体，集结成束，可延伸到附近地面（彩照54），其后产生大量小菌核，小菌核油菜籽状，直径0.5～2.0毫米，初为白色，后变为黄褐色至红褐色（彩照55）。病株根部也变褐腐烂，外部缠绕白色菌丝体，随后也长出小菌核。因根、茎受损，病株生长迟缓，叶片萎蔫，最终枯死。

【病原菌】 白绢病是真菌病害，病原菌为齐整小核菌，学名

Sclerotium rolfsii Sacc.,为一种半知菌,属于丝孢纲,无孢目,无孢科,小核菌属。其有性态为罗耳阿太菌 *Athelia rolfsii* (Curzi) Tu & Kimbrough,是一种担子菌,在自然条件下很少产生。

齐整小核菌的菌丝体初为白色,老熟后略带褐色,分枝角度较大。小菌核表生,球形、椭球形,初白色,继变淡褐色,最后变黄褐色至红褐色,表面光滑,有光泽,直径 0.5~2 毫米,有时互相聚集。小菌核内部灰白色,剖面呈薄壁组织状,结构紧密,细胞多角形。小菌核之间无菌丝相连。

齐整小核菌生长的温度范围为 13℃~40℃,最适温度 31℃。小菌核需在有水滴存在或 100%高湿条件下萌发,萌发的温度范围为 16℃~40℃,最适温度 34℃。该菌寄主范围很广,可侵染 62 科 210 多种植物,其中包括大豆、棉花、甜菜、烟草、向日葵、花生、瓜类、胡萝卜、茄果类蔬菜、十字花科蔬菜、葱蒜类蔬菜以及多种园林植物。

【发生规律】 病原菌主要以小菌核和菌丝体在土壤、病根中越冬。小菌核抗逆性强,耐低温,在旱地可存活 5~6 年。越冬后在环境条件适宜时,小菌核萌发,产生菌丝,从植株地下部分或近土表处直接侵入或者从伤口侵入,引起发病。病株产生菌丝体,就近向周围蔓延,侵染附近的健株。菌丝从病株沿土壤裂缝可延伸 20~40 厘米以上。在土表干燥时,菌丝向土壤深处延伸,深度可达 20 厘米。小菌核则通过雨水、灌溉水、带菌土壤、肥料、附着土壤的农机具等传播,发生再侵染。

白绢病是高温高湿型病害,发病最适温度为 30℃~33℃,最低 8℃,最高 40℃,雨水多,土壤湿度大,土壤内有大量有机物残渣,通气性强,有利于侵染发病。白绢病多在高温多雨季节发生,连作地由于土壤中病菌积累多,发病较重,土壤黏重,排水不良,肥力不足,植株密度过大时也易发病。

【防治方法】

1. 实行轮作 重病地与禾本科作物水稻、玉米、小麦等轮作 3 年以上。

2. 栽培防治 收获后彻底清除病残体，刨除根茬，并将带病的土层翻到 15 厘米深以下；防除田间杂草；合理施肥，适量施用氮肥，增施磷、钾肥；合理灌溉，防止田间积水；农事操作不要伤根伤苗，尽量减较少伤口；尽早发现病株，在菌核形成前及时拔除销毁，病穴撒施生石灰粉消毒。

3. 药剂防治 用杀菌剂药液喷淋茎基部或灌根。有效药剂有 25%三唑酮可湿性粉剂 1 500 倍液，50%的多菌灵可湿性粉剂 500～600 倍液，50%甲基硫菌灵可湿性粉 800 倍液，50%异菌脲(扑海因)可湿性粉剂 1 000 倍液，20%甲基立枯磷乳油 1 000 倍液等。还可用三唑酮可湿性粉剂或甲基立枯磷可湿性粉剂 1 份，兑细土 100～200 份，撒施在根颈处。

七、黑茎病

黑茎病是一种毁灭性真菌病害，病株茎秆、叶柄、叶片、花盘等被侵染，早期发病植株枯死倒伏，发病较晚的矮化瘦弱，花盘小，种子产量和含油率剧降，严重时大面积枯萎死亡。该病最早发现于加拿大，现分布于美国、加拿大、阿根廷、俄罗斯、东欧、法国、意大利、澳大利亚、伊朗、伊拉克、巴基斯坦、斯里兰卡等地。我国历史上没有黑茎病发生，2005 年在新疆伊犁发现，是一种新病害，已被增补为我国进境植物检疫性有害生物。

【症状识别】 病原菌可侵染地下、地上各器官，全生育期发病，但前期症状不明显，易被忽视，开花期后茎秆发病最为明显，可作为诊断的依据。在茎秆上生成典型的大型病斑，椭圆形，长 2～11 厘米，多数长 5～7 厘米，黑色，有光泽，具清晰的边缘，病斑扩展后可环绕茎秆(彩照 56)。茎秆病斑多见于茎秆中部，也发生于茎秆也可能全部变黑。茎秆发病处腐烂,内部组织解离,多弯折倒伏(彩照 58,59)。早期发病的全株枯死,发病较晚的茎秆瘦弱,花盘小,结实少(彩照 60)。后期病茎秆表面产生黑色小粒点,即病原菌的分生孢子器,肉眼看不清楚,需用手持放大镜观察。

田间检查表明,多数茎秆发病最初源于叶柄发病,在叶柄基部,形成黑色病斑(彩照 61),扩展后从叶柄蔓延到茎秆(彩照 62),同时整个叶柄变黑坏死,叶片枯萎(彩照 63)。有时叶片上也形成病斑,病斑大型,黑色,周围变黄,病斑上有不甚明显的环纹,系病斑不断扩展所致(彩照 64)。在花盘背面和苞片上也产生褐色至黑褐色病斑,形状不规则,严重时花盘干枯,籽粒不实(彩照 65)。

【病原菌】 黑茎病是真菌病害,病原菌无性态为 *Phoma macdonaldii* Boerma(=*Phoma helianthi* Taberosi),是一种半知菌,属于腔孢纲,球壳孢目,茎点霉属。有性态为 *Leptosphaeria lindquistii* Frezzi,是一种子囊菌,属于子囊菌门,盘菌亚门,座囊菌纲,格孢腔菌目,小球腔菌科,小球腔菌属。

无性态分生孢子器半埋生,散生或聚生,球形或扁球形,黑色,直径 165～300 微米,有乳头状突起,孔口小,圆形。分生孢子梗产生在分生孢子器内,短小,常不明显,单枝,平滑,无色。产孢细胞内壁芽生,瓶体式产孢。分生孢子器的孔口逸出橙红色分泌物,内含大量分生孢子。分生孢子肾形、卵圆形或椭圆形,尺度 5.1～7.6 微米×2.4～4.2 微米,单胞,偶有双胞,壁薄,无色至浅色,两端各有 1 个油球。

有性态子囊座生于前一年死亡的向日葵茎秆上,球形或近球形,形似子囊壳,黑色,短喙外露,内生单个子囊腔,与假孔口相通,假孔口周围光滑,腔内并列多个子囊。子囊圆筒形,双层壁,短柄。子囊间有拟侧丝。子囊内含 8 个子囊孢子,子囊孢子腊肠形,有 1～3 个分隔,无色。

【发生规律】 病原菌主要以分生孢子器和菌丝体随病残体越

冬，成为下一季的初侵染菌源。在新疆伊犁还发现，隔年的病残体上能产生有性态子囊座和子囊孢子，但在侵染循环中的作用不明。向日葵的种子（果实）也带菌传病，带菌种子在黑茎病远程传播中可能起重要作用。

春季越冬病原菌产生分生孢子，分生孢子释放后，随气流和雨滴飞溅传播，着落在向日葵植株表面。孢子在植株表面有水膜或高湿的情况下萌发，产生芽管和侵入菌丝，不形成附着胞。侵入菌丝通过植株的自然孔口、裂口、伤口侵入。向日葵的子叶、真叶、叶柄、茎、根、花盘等都可被侵染，全生育期发病，开花后最重。茎秆上的大型病斑最明显，危害也最大。

在美国发病区，向日葵茎象甲是重要传病介体，其体内和体表都带菌。向日葵茎象甲成虫取食叶片传病，带菌幼虫钻蛀茎秆传病。叶片发病后，再蔓延到叶柄和茎秆。国内发病地区是否存在传病昆虫尚待研究。最近有人认为大青叶蝉可以传病，但尚需试验证实。

黑茎病菌的侵入温度为5℃～30℃，最适25℃。大气湿度高，有利于发病，花期和花后多雨高湿往往酿成大流行。品种感病，密度偏高，偏施氮肥，田块低洼，灌水偏重的长期连作田发病重。

【防治方法】

1. 实行检疫 向日葵黑茎病菌是我国进境植物检疫性有害生物，需依法检疫，防止该菌随种子传入。

2. 栽培防治 与非寄主作物实行3年以上轮作；收获后清除田间病残体，深翻土壤；使用无病种子，用杀菌剂处理种子；合理密植，平衡施肥，合理排灌，防止大水漫灌和田间积水；及时防治害虫。

3. 种植抗病品种 向日葵品种或杂交种之间抗病性有明显差异，需开展抗病性鉴定，选择种植抗病、耐病或轻病品种。进而选择优良抗源，开展抗病育种。国外已开展抗源鉴选和抗病育种

选择优良抗源，开展抗病育种。国外已开展抗源鉴选和抗病育种工作。例如，据人工接菌测定，自交系 F1250/03(匈牙利)，M5-54-1，M6-862-1(人工诱变品系)，SDR 18(美国)以及野生种质资源 1012(内布拉斯加)和 211(伊利诺斯)等高度抗病。

4. 药剂防治

(1)种子处理 用种子重量 0.3%的 50%多菌灵可湿性粉剂或 70%甲基硫菌灵可湿性粉剂拌种，还可用 2.5%咯菌腈(适乐时)种衣剂进行种子包衣。

(2)田间喷药 发病初期喷施 10%苯醚甲环唑水分散粒剂 1 000 倍液，50%多菌灵可湿性粉剂 500 倍液，或 70%甲基硫菌灵可湿性粉剂 800 倍液等。可在苗期和现蕾前喷 2 次药。

八、拟茎点霉茎溃疡病

拟茎点霉茎溃疡病又称为褐色茎腐病，是向日葵的重要病害，最早于 20 世纪 70 年代发现于前南斯拉夫，现分布于欧洲、苏联、伊朗、巴基斯坦、摩洛哥、美国、墨西哥、阿根廷、委内瑞拉、巴西、澳大利亚等地。病株茎秆和叶柄上产生大型溃疡斑，髓部腐烂坏死，病株花盘和果实瘦小，茎秆折断倒伏，在欧洲减产达 40%，严重时全田毁灭殆尽。我国历史上无拟茎点霉茎溃疡病发生，近年陆续有发现，但尚待进一步研究。

【症状识别】 植株下部叶片先发病，产生褐色坏死斑块，不规则形，边缘明显，周围具有或不具有褪绿变黄区(彩照 66)。病斑多由叶缘发生，扩展后使大半叶片或整个叶片变褐枯死(彩照 67)，可沿叶脉发展到叶柄，造成叶柄和叶片大量枯死下垂(彩照 68)。但也有的叶柄先发病，在叶柄上形成褐色至黑褐色溃疡斑，致使叶片变黄枯死(彩照 72，73)。

茎秆上病斑多在开花期后出现，多由发病叶柄扩展而来，因而多围绕发病叶柄基部形成。病斑褐色至灰褐色，初期不规则形，边缘水浸状，扩展后成为长梭形、长椭圆形，两端尖而长，边缘清晰（彩照 69,70）。但也有的茎秆病斑并非由发病叶柄扩展形成，而是由茎秆自身被侵染而产生的（彩照 71），此种病斑上往往有自然裂口（彩照 72）。拟茎点霉茎溃疡病的茎秆病斑较长，长度可达到10 厘米以上，有的更纵贯茎秆（彩照 73）。后期高湿时在病斑上出现多数黑色小粒点，为病原菌的分生孢子器。茎秆和叶柄发病使髓部腐烂解离，病茎弯折倒伏。病原菌也能侵染花盘，多在花盘背面和苞片上产生大小不等的褐色坏死斑。

茎溃疡病的症状与黑茎病很相似，但本病的茎秆病斑淡褐色，比黑茎病茎斑色泽浅，本病的茎斑更长，两端多尖锐突出，也与黑茎病有所不同。当本病与黑茎病同时发生时，可能难以诊断，需镜检病原菌。

【病原菌】 本病为真菌病害，病原菌无性态为向日葵拟茎点霉，学名 *Phomopsis helianthi* Munt. Cvet.，是一种半知菌，属于腔孢纲，球壳孢目，拟茎点霉属。其有性态为向日葵间座壳，学名 *Diaporthe helianthi* Munt. Cvet.，属于子囊菌门，盘菌亚门，粪科菌纲，间座壳目，黑腐皮壳科，间座壳属。但也有其他种类。

无性态在病株上产生，分生孢子器球形、扁球形或圆柱形，直径 120～290 微米，孔口稍突起，褐色至黑褐色，散生或聚生，常生在子座中，埋生在寄主组织内。分生孢子梗较细长，单枝或分枝，平滑，无色，产孢细胞内壁芽生，瓶体式产孢。分生孢子两型，α 型为卵圆形至纺锤形，单胞，无色，两端各有一个油球，尺度 8～21 微米×1.7～5.5 微米；β 型为线形，单胞，无色，一端弯曲呈钩状，不含油球，尺度 17～42 微米×0.5～2.7 微米。

有性态在越冬的植物残体上形成，子囊壳近球形，直径 290～430 微米，褐色或黑褐色，单生或聚生，生于埋生在寄主皮层中的假子座内，黑色炭质，喙长，伸出假子座外开口。子囊多个，短圆柱形或梭形，尺度60～76.5微米×8.7～12.5微米，顶壁厚，中有孔道，周围有一个亮环结构，短柄，侧丝有或无。子囊孢子8个，椭圆形或纺锤形，尺度15～17.5微米×5～7.5微米，双胞，大小相等，无色，内有油点2～4个。

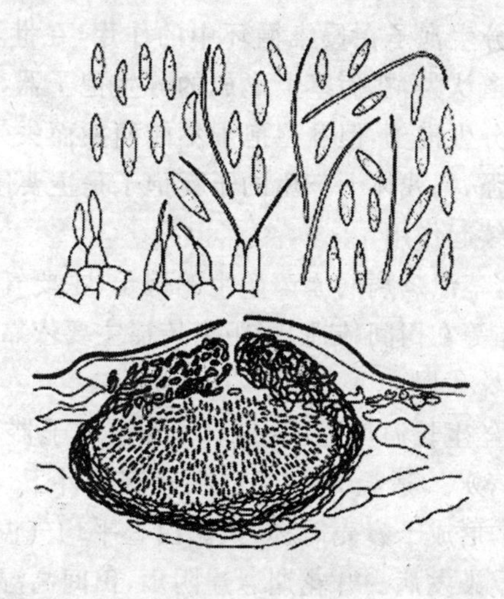

图4　拟茎点霉形态示意图

上：两型分生孢子　下：分生孢子器

【发生规律】 病原菌以菌丝体、分生孢子器或子囊壳随病残体越冬，成为主要初侵染菌源。种子（果实）也能带菌传病，对于茎溃疡病传入新区，起重要作用。国外有人发现苍耳也是向日葵致病菌的寄主，但在病害循环中的作用不明。

越冬后，在适宜条件下，病原菌孢子释放，随气流或雨水传播，着落在向日葵叶片上，若叶片表面有水膜或大气湿度很高，孢子萌发，产生芽管和菌丝，从自然孔口、伤口、自然裂口等处侵入，也可直接穿透表皮而侵入。侵染菌丝在叶肉细胞间蔓延，并进入叶脉，由细脉进入侧脉和主脉，侵染菌丝就这样从叶片进入叶柄，再进入茎秆,造成叶柄坏死和茎斑产生。在适宜条件下,从叶片被侵染到形成茎斑约需 25～30 天。当然,病原菌也可以直接侵染叶柄和茎秆。

早期病株产生的分生孢子器和分生孢子,可能进行当季的再侵染。但关于分生孢子在侵染循环中的作用,在世界各地可能不同。国外有报道认为,在病茎上形成的分生孢子器,释放 α 型和 β 型两种类型的分生孢子,但 β 型孢子不能萌发而失效,α 型孢子的侵染能力也不强,病残体上产生的子囊孢子是主要侵染菌源,在整个生长季节持续起作用。

如上所述,茎溃疡病病原菌产生的孢子,主要气流、雨水飞溅、昆虫、农事操作等在田间传播,远距离传播主要依靠带菌种子和种子中夹带的病株残屑。

病原菌菌丝生长温度为 5～30℃,分生孢子器和子囊壳产生的温度是 15～30℃,适温为 25℃。在适宜条件下,产生分生孢子器需 7～10 天,形成子囊壳需 26 天。白昼平均气温高于 20℃,湿度较高,适于侵染发病。开花期遇连阴雨,田间高湿,发病株增多。多年连作田块,地势低洼,种植过密,偏施氮肥的田块发病加重。

【防治方法】 向日葵茎溃疡病菌是我国进境植物检疫性有害生物,需实行检疫,防止随种子传入。发病田应停种向日葵,轮作玉米、高粱、小麦等非寄主作物 3～5 年,要搞好田间卫生,收获后清除病残体,集中销毁或深埋,土地深翻 15 厘米以上,将残留病残体、碎屑等翻埋至土层深处,要及时防除杂草。要鉴选和种植抗病、耐病品种,播种不带菌种子,要调整播期,使花期错过集中降雨时期。要加强田间管理,合理密植,平衡施肥,培育壮苗、壮株。要合理灌溉,排灌配套,防止田间积水。农事操作先无病田,后发病田,在转换田块时要清洗消毒农机具,避免传带病原菌,防止交叉感染。药剂防治参阅黑茎病。

九、镰刀菌病害

镰刀菌病害也可根据危害部位不同，而被分别称为镰刀菌根腐病、镰刀菌茎腐病和镰刀菌枯萎病。镰刀菌病害一向是向日葵的次要病害，发生较少。编著者等在本世纪以来的向日葵病害调查中，常在虫害严重的田间看到镰刀菌引起的茎腐和根腐，但发病率很低，还没有引起重视。国外已有较多发生，在俄罗斯还有损失达 80%的报道。随着向日葵栽培的发展和连作增加，镰刀菌病害有潜在危险性，需加强监测。

【症状识别】 多种镰刀菌侵染向日葵，引起根腐、茎腐或枯萎等复杂症状。

1. 根腐病 最初须根和侧根上产生水浸状腐烂斑块，褐色，不定型，后蔓延到主根。也有的从主根虫伤口开始发病腐烂。严重时全根腐烂，变黑褐色，皮层腐朽破裂，变紫红色，薄壁组织消解，仅残留丝状物。地上部叶片萎蔫枯死。苗期发生也较多，可引起死苗。

2. 茎腐病 有的病株根部先发病腐烂，然后向上蔓延，造成茎基部腐烂，还有的病株根部无异常，仅发生茎腐。发病茎秆表面变黑褐色坏死(彩照 74)，髓部先从外侧开始变色腐烂(彩照 75)，严重时髓部薄壁组织腐烂殆尽，残留丝状物，变暗红色，并生有红色霉状物(彩照 76)。严重的病株，叶片也萎蔫枯死。

3. 枯萎病 病株叶片萎蔫，后期枯死。萎蔫有两种方式，其一突然青枯，叶片失水，呈青灰色；另一为茎叶逐渐变黄枯死。与上述根腐和茎腐不同，枯萎病病株无明显根部和茎秆腐烂症状，仅维管束变褐色。但多种镰刀菌复合侵染时，根部也发生腐烂。

【病原菌】 植物病原真菌为多种镰刀菌。镰刀菌是半知菌，属于丝孢纲，瘤座孢目，镰刀菌属，其有性态为子囊菌。

镰刀菌菌丝体无色至鲜色，常在培养基中产生红、紫、蓝等色素，有些种的菌丝形成厚壁孢子，顶生或间生，单生或串生。分生孢子梗单枝或分枝，形状不一，无色，有或无隔膜，产孢细胞内壁芽生，瓶体式产孢。分生孢子常有两型：大型分生孢子呈镰刀形或梭形，直或稍弯，无色，多胞，端胞多样，短喙状或锥形等，足胞常有小突起，细胞间有时形成一至数个厚壁孢子。小型分生孢子呈卵形或椭圆形，单胞或双胞，无色，单生或串生（图 5）。分生孢子常聚集成黏孢子团。镰刀菌属种类很多，形态变异亦大。

引起根腐、茎腐的镰刀菌主要为茄病镰刀菌 *Fusarium solani* (Mart.)Sacc.，木贼镰刀菌 *F. equiseti*(Corda)Sacc.，烟草镰刀菌 *F. tabacinum*(van Beyma)Gams 等，引起枯萎病的主要是尖孢镰刀菌 *F. oxysporum* Schlechtend：Fr.。

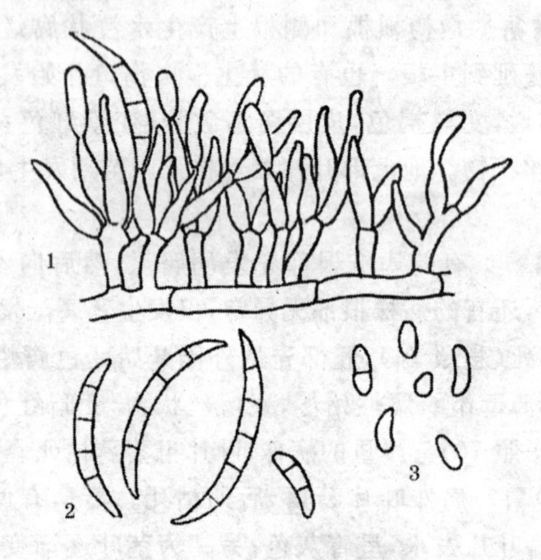

图 5　镰刀菌形态示意图

1. 分生孢子梗和产孢细胞　2. 大分生孢子　3. 小分生孢子

各国、各地的致病镰刀菌不尽一致，有的还相当复杂。例如，俄罗斯学者鉴定发现了12种向日葵致病镰刀菌，其中尖孢镰刀菌列当变种(*F. oxysporum* var. *orthoceras*)分布最广，拟枝孢镰刀菌(*F. sporotrichoides*)致病性最强。美国和阿根廷研究人员在2010年，从采自田间的向日葵茎腐病标样中，分离出了8种镰刀菌，即锐顶镰刀菌(*F. acuminatum*)，木贼镰刀菌，燕麦镰刀菌(*F. avenaceum*)，黄色镰刀菌(*F. culmorum*)，禾谷镰刀菌(*F. graminearum*)，层出镰刀菌(*F. proliferatum*)，尖孢镰刀菌和拟枝孢镰刀菌。在美国以锐顶镰刀菌和拟枝孢镰刀菌出现频率最高，在阿根廷以尖孢镰刀菌最多。以茎秆病斑长度和维管束变色程度为致病性指标，用茎秆和叶柄致伤法接种测定，则上述各种镰刀菌都有致病性，拟枝孢镰刀菌和木贼镰刀菌致病性最强，而禾谷镰刀菌和层出镰刀菌致病性最弱。

【发生规律】 致病镰刀菌主要以菌丝体、厚垣孢子在土壤中和病残体中越冬。镰刀菌在土壤中可长期存活，并随土壤传播扩散。厚垣孢子可在土壤中存活5～6年，在适宜条件下甚至存活十余年。上述致病镰刀菌都是寄主范围较广的种类，可随其他寄主植物的病残体越冬，也可定殖在越冬作物和杂草的根部存活。多种镰刀菌可侵染或污染种子，使种子带菌。带菌种子也是重要初侵染菌源，且可远程传病。种子间夹杂的带菌土粒和病残体碎屑等也可以传病。

致病镰刀菌从细小幼嫩的根毛侵入，或者从根部、茎部的裂口、伤口侵入，在细胞间隙或穿过细胞扩展，可分泌酶类和毒素，引起腐烂和萎蔫症状。引起枯萎病的镰刀菌从根部侵入后，经过皮层进入维管束，沿维管束系统侵染，在维管束导管中大量繁殖，使水分和营养物质的输导受阻，病株枯萎。

镰刀菌主要随带菌土壤和病残体传播扩散。土壤可附着在移栽苗上、农机具上、用具容器上或农事操作人员的衣物、鞋子上，在田间传播。镰刀菌在发病部位产生大量分生孢子，这些分生孢子可随风雨、灌溉水、昆虫等传播，侵染向日葵或其他作物。但对同一块病田来说，致病镰刀菌很少发生再侵染，也就是说每个生长季通常只发生一次侵染，是单循环病害，菌量积累和病情增长的过程较长，由开始发病到全田发病需要经历几个生长季，菌量逐年增多，病情逐年加重。

镰刀菌病害的发生程度与土壤带菌量、土壤条件、品种抗病性以及栽培管理因素有密切关系。土壤带菌量越高，发病也越严重。发病田连作，土壤菌量迅速积累，发病逐年加重。镰刀菌病害对气象条件的要求不严格，但高温干旱时枯萎病的危害加重。害虫、土壤线虫严重的田块，向日葵植株的微小伤口增多，有利于病原菌侵入，发病加重。

【防治方法】 当前镰刀菌病害发生不严重，不需单独进行防治，可在防治其他病害时予以兼治。镰刀菌病害防治的常规措施，首推选育和种植抗病、耐病品种，抗病品种不仅能减少发病，而且还降低土壤菌量，具有持续的控病效果。采取减少菌源的田间卫生措施也很重要，为此要彻底清除病残体，防除田间杂草，严重发病田需与非寄主作物进行轮作，非寄主作物种类和轮作年限，则需要根据镰刀菌种类确定。镰刀菌可随种子传播，因而提倡采用无病种子或用杀菌剂进行种子处理。要搞好害虫和土壤线虫的防治，减少植株的微小伤口。必要时发病田块在苗期也可进行药剂防治，发现病株后及早拔除，病穴浇灌多菌灵药液或甲基硫菌灵药液。

十、锈　病

锈病是向日葵的重要病害，分布于世界各地。感病品种发生锈病后，产量、千粒重、含油率等剧降，大流行年份减产幅度可达40％～80％。锈病曾是向日葵的首要病害和主要防治对象，由于推广种植抗病品种，在全世界各大向日葵产区，锈病已被控制，其重要性和对生产的威胁业已降低。但是，主要抗病品种的抗病性是小种专化的，仅对当时的优势小种有效，可能因优势小种的改变而失效，使锈病重新猖獗。因此，必须搞好生理小种监测和品种更新换代。

【症状识别】 锈病主要危害叶片，在叶片上产生各种类型的孢子堆，在严重发病时，孢子堆也生于茎秆、叶柄、苞片以及花盘背面（彩照 77,79,80）。最初在子叶或下部叶片的正面产生微小的橘黄色斑点，斑点中的褐色小粒点即为病原菌的性孢子器，8～10 天后在叶片背面与性孢子器对应部位，产生橘黄色杯状物，多个聚生，这是病原菌的锈孢子器。性孢子器和锈孢子器产生较少，不引人注意。此后出现夏孢子堆，则是最常见的症状。

夏孢子堆生于叶片背面和正面，疱斑状，褐色，长约 0.5～1 毫米，表皮破裂后散出褐色粉末，即病原菌的夏孢子（彩照 77）。有时夏孢子堆周边叶组织褪绿或变黄（彩照 78）。在生长季末期或叶片衰老时，夏孢子堆转变为冬孢子堆，成为黑色的小疱斑。锈病发生严重时孢子堆布满叶片，病叶早期干枯。

【病原菌】 锈病是真菌病害，病原菌为向日葵柄锈菌，学名 *Puccinia helianthi* Schw.，属于担子菌门，锈菌纲，锈菌目，柄锈菌科，柄锈菌属。

该菌性孢子器多生在叶片正面表皮下，圆形，橘黄色，直径 96～112 微米。锈孢子器生于叶片背面，初生在寄主表皮下，后外露，杯形、不规则形，有包被，锈孢子球形、椭球形、多角形，橘黄色，表面有微瘤，尺度 21～28 微米×18～21 微米。夏孢子堆生在寄主表皮下，后外露，为圆形至椭圆形隆起疱斑，褐色。夏孢子近圆形或椭圆形，单胞，黄褐色，有细刺，有 2 个芽孔，尺度 23～30 微米×21～27 微米。冬孢子堆与夏孢子堆相似，黑色，冬孢子长椭圆形、圆筒形，双胞，黑褐色，表面平滑，尺度 40～45

微米×22～29微米。冬孢子着生于无色的柄上，柄长57～83微米或更长（图6）。

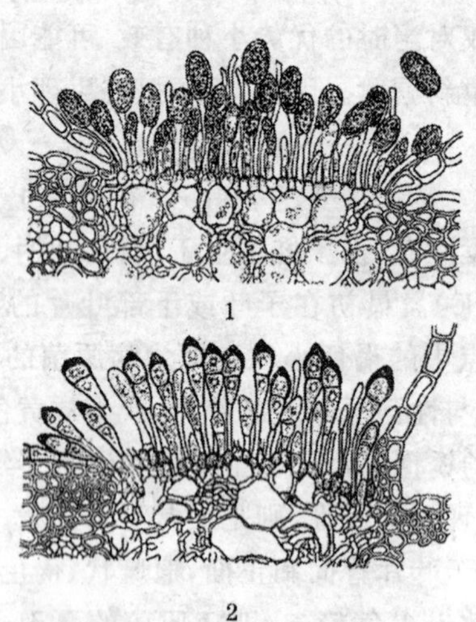

图6 柄锈菌形态示意图

上：夏孢子堆和夏孢子；下：冬孢子堆和冬孢子

向日葵柄锈菌寄生向日葵属栽培种和野生种，有高度寄生专化性，已发现多个生理小种。国内少数向日葵栽培区也曾进行小种鉴定。例如，吉林省发现生理小种1号（100）、2号（500）、3号（300）、5号（334）等小种，2号为优势小种。此前，内蒙古发现了1号、2号、3号小种，其中3号小种占60%～90%，是优势小种。

【发生规律】 在冬季寒冷地区，病原菌以冬孢子堆和冬孢子在病残体上或野生向日葵上越冬。翌年春季条件适宜时，冬孢子萌发产生担孢子。冬孢子萌发适温为12℃～15℃。担孢子萌发后侵入幼苗子叶或幼叶，形成性孢子器，8～10天后在叶片背面产生锈孢子器，器内锈孢子随气流飞散传播，着落在向日葵叶片上并侵入，随后叶片上出现夏孢子堆，散放出夏孢子。

夏孢子阶段是主要的侵染时期，在锈病流行中起重要作用。夏孢子随气流传播，在叶片上萌发，产生芽管和附着胞，附着胞产生侵入丝，从气孔侵入或穿透叶表皮直接侵入。侵染菌丝在叶肉细胞间隙扩展蔓延，并形成吸器，吸器进入细胞，吸取营养物质。在侵入后10～14天，又产生新一代夏孢子。在生长季节，依靠夏孢子发生多次再侵染，使发病率不断增高，病情持续加重。到生长季末期，随着病株衰老和气温降低，病原菌的夏孢子阶段转变为冬孢子阶段，进入越冬。

向日葵锈病侵染的最低温度为4℃，适温10℃～24℃，最高30℃，叶面结露或有小雨，并保持6～15小时即能侵入。越冬菌量多，雨季来得早，发病始期提早，加之品种感病，就可能大发生。在内蒙古西部，5～6月份的降雨量是决定锈病流行程度的主要因素。

在亚热带和热带地区，不存在锈菌越冬问题。锈菌持续侵染栽培向日葵、自生葵苗或向日葵属其他植物，夏孢子常年发生，可单独完成周年发病循环。夏孢子可随气流远程传播，异地菌源在锈病流行中也可能起重要作用。

【防治方法】

1. 使用抗病品种　选育和栽培抗病品种是主要防治措施。现用抗病品种是小种专化的，若小种组成和优势小种发生了变化，抗病品种就会失效，沦为感病品种，需予以淘汰，用新抗病品种替换。为了正确选育抗病品种和搞好抗病品种合理布局，应持续进行生理小种鉴定。

吉林省利用苗期人工接菌鉴定法，发现14个食用型向日葵品种中有JK518、JK519、NC-209、白葵6号、FRD1617、白三道眉等对现有小种抗病，在6个油用向日葵中，白葵杂3号、白葵杂6号、白葵杂7号、白葵杂10号、白葵杂11号、HA339×211-21121R等对现有小种抗病，其中白葵杂6号、白葵杂7号高抗。

2. 栽培防治 收获后应及时清除田间病残体，深翻土地，或实行短期轮作，以减少越冬菌源或使之失效；要铲除自生葵苗；提倡合理密植或采用大小行种植，改善田间通透性；加强栽培管理，施足基肥，平衡施用化肥，及时中耕，合理排灌。

采用大小行种植，除了能增强通风透光性，减轻发病外，还便于田间喷药。有实例如下：早熟杂交种 DK119、RH3708 等大行行距 80 厘米，小行行距 40 厘米，株距 40 厘米，每 667 米^2 留苗 2 770 株左右；晚熟常规种星火、世达一号等覆膜种植，大行行距 100 厘米，小行 67 厘米，株距 40 厘米，每 667 米^2 留苗 2 000 株左右。

3. 药剂防治 种子处理可用 2%戊唑醇可湿性粉剂或 25%三唑醇可湿性粉剂，按种子重量的 0.3%拌种。还有人用 25%羟锈宁可湿性粉剂 100 克，干拌种子 50 千克。

田间喷药应在锈病发生的初始阶段进行，每隔 10～15 天喷 1 次，连续喷 2～3 次。常用药剂有 15%三唑酮可湿性粉剂 1 000～1 500 倍液，25%三唑酮可湿性粉剂 1 500～2 000 倍液，25%丙环唑乳油 3 000 倍液、12.5%烯唑醇可湿性粉剂 3 000 倍液等。据近年测定，5%烯肟菌胺乳油及其复配剂 20%戊唑醇·烯肟菌胺悬浮剂防效也好。烯肟菌胺为甲氧基丙烯酸酯类杀菌剂，戊唑醇为三唑类杀菌剂。

具体喷药适期应依据病情监测结果确定。在内蒙古有实例认为，向日葵出苗后至 6 月上旬，如果有较大范围的降水且雨量大于 5 毫米，则可能造成锈菌担孢子侵入向日葵。在降水后 10 天左右应进行防治。

十一、白粉病

白粉病是向日葵的常见病害，分布于南北各地。白粉病主要危害叶片，在叶面上形成一层污白色的粉斑，减弱光合作用，病株较矮,籽粒不饱满,造成减产。

【症状识别】 在发病叶片的正面和背面,最初出现近圆形的白色病斑,仔细观察,可见病斑由一丛粉状物构成,这称为"粉斑",由病原菌表生的菌丝体和分生孢子构成(彩照 81)。粉斑逐渐扩大,相互汇合,几乎可覆盖整个叶片表面,成为白粉层(彩照 82)。通常植株下部叶片比上部叶片病情严重。严重发病时,叶的两面、叶柄、茎和花盘上都布满粉斑。后期白粉层中产生黑色小粒点,即病原菌的闭囊壳(彩照 83)。病叶片变黄褐色干枯。

【病原菌】 白粉病是真菌病害,病原菌为多种白粉菌。虽然白粉病不难识别,但确定白粉菌的种类却非易事。对白粉病菌的描述和学名使用极其混乱,这对我们了解白粉菌增添了许多困难。国内寄生向日葵的白粉菌主要为:

1. 苍耳(叉丝)单囊壳 学名 *Podosphaera xanthii* (Castagne)Braun & Shishkoff,属于子囊菌门,盘菌亚门,锤舌菌纲,白粉菌目,白粉菌科,叉丝单囊壳属。苍耳(叉丝)单囊壳曾采用了许多熟知的异名,例如单囊壳(*Sphaerotheca fuliginea*),棕丝单囊壳(*Sphaerotheca fusca*),苍耳单囊壳(*Sphaerotheca xanthiii*)等。该菌菌丝体表生。分生孢子梗直立,不分枝,分生孢子串生,从顶端向下逐渐成熟脱落。分生孢子卵形至椭圆形,单胞,无色,尺度 25～40 微米×15～20 微米。多数孢子含圆筒形纤维状体 0～10 个,以含 0～4 个者为多。分生孢子萌发产生的芽管单边侧生,不分叉或二分叉。有性态闭囊壳暗褐色至黑色,球形、近球形,直径 100～170 微米。附属丝 3～7 根,生于闭囊壳下方,稍曲膝状弯曲,罕见有不规则状分枝一次,并常与菌丝体交织在一起,长度为闭囊壳直径的 0.5～4 倍,直径 4～10 微米。闭囊壳内有 1 个子囊,椭圆形或卵形,少数有短柄,尺度 55～92.5 微米×40～70 微米,内含 6～8 个子囊孢子。子囊孢子椭圆形、近球形,尺度 15～30 微米×12～15 微米。寄主植物多达百余种,主要危害各种瓜类。

2. 菊科白粉菌 学名 *Erysphe cichoracearum* DC.，属于白粉菌科，白粉菌属。菊科白粉菌又称为二孢白粉菌，很可能是菊科高氏白粉菌(*Golovinomyces cichoracearum*)。菌丝体表生，分生孢子单生或串生，圆柱形，单胞，无色，无纤维状体。闭囊壳球形或扁球形，暗褐色，埋在菌丝体中，附属丝菌丝状，柔软，不分枝，淡褐色或无色。子囊多个，卵圆形至椭圆形，壁单层，有短柄，束生。子囊孢子 2～8 个，椭圆形或卵圆形，单胞，无色至淡黄色。本种寄主也很广泛，其中包括多种菊科植物。

此外，国外还报道了侵染向日葵的其他白粉菌，例如菊科内丝白粉菌向日葵专化型 *Leveillula compositarum* f. *helianthi* Golovin，鞑靼内丝白粉菌 *Leveillula taurica*(Lév.)Arnaud 以及其他。

【发生规律】 向日葵白粉病菌的寄主范围广泛，初侵染菌源也很复杂。在产生闭囊壳的地区，病原菌的闭囊壳可以在病残体上越冬，翌春放射出子囊孢子，借气流传播，进行初侵染。在不产生闭囊壳或很少产生闭囊壳的地区，初侵染菌源可能来自棚室栽培的罹病蔬菜、花卉，也可能来自罹病杂草。在没有当地菌源的地区，可能是异地菌源，即随气流从其他地方传播而来的分生孢子，侵染向日葵，使其发病。

越冬子囊孢子遇有适宜条件就发芽，产生芽管和附着胞，附着胞产生侵入丝，侵入丝穿透表皮而侵入，在表皮细胞内长出吸器，吸取植物营养。同时，附着胞又生出表生菌丝，不断向周围扩展，形成菌落，菌落内产生分生孢子梗和大量分生孢子。分生孢子又随气流传播，进行再侵染。在一个生长季节内，可发生多次再侵染。在发病后期，白粉层内可能产生闭囊壳，闭囊壳散生或聚生。

据室内测定，白粉菌的分生孢子在 10℃～30℃内均可萌发，20℃～25℃最适，同时需要有 90％以上的高湿度。人工接菌试验

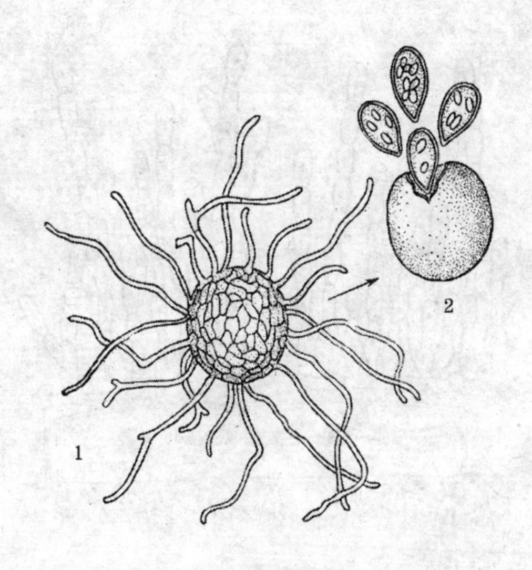

图 7 白粉菌属闭囊壳形态示意图

1. 闭囊壳和附属丝 2. 闭囊壳所含子囊和子囊孢子

表明，在 25℃下 4 天后，大量产生分生孢子，同时叶面出现白粉斑。在 5℃～35℃范围内，白粉斑皆可扩展，以 15℃～30℃时扩展较快，在 25℃时最快。

田间气温 16～25℃，相对湿度较高时易发病，但即使湿度低至 50%，也能侵染发病。向日葵栽植过密，通风不良或氮肥偏多的田块，发病加重。栽培感病品种，短期内就可酿成白粉病大流行。

【防治方法】

1. 栽培防治 栽培抗病、轻病品种；收获后清除病残体，进行深翻；与禾本科作物轮作，不与严重发病的作物间作套种，搞好棚室蔬菜白粉病防治；及时清除田间杂草；栽植不宜过密，增加通风透光条件，增施磷钾肥。

2. 药剂防治 发病初期喷施 15%三唑酮可湿性粉剂 1 000～

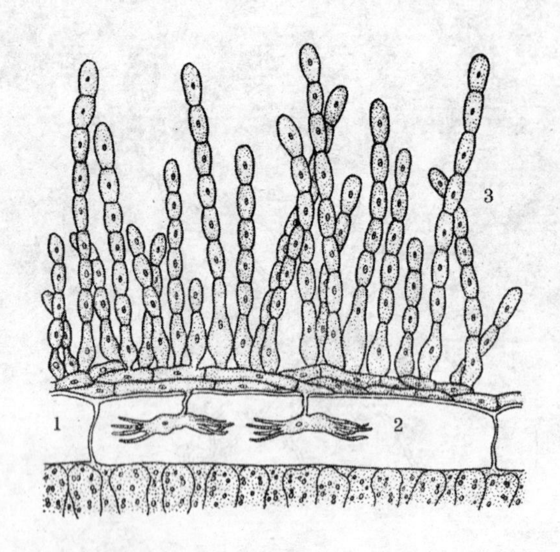

图 8　白粉菌属的无性态示意图

1. 表生菌丝体　2. 吸器　3. 分生孢子

1 200 倍液，70%甲基硫菌灵可湿性粉剂 800～1 000 倍液，30%氟菌唑(特富灵)可湿性粉剂 3 000～3 500 倍液，12.5%腈菌唑乳油 2 500～3 000 倍液，43%戊唑醇(好力克)悬浮剂 3 000～6 000 倍液，或 12.5%烯唑醇乳油 3 000 倍液等。

十二、黑 斑 病

黑斑病是由链格孢属真菌侵染引起的常见病害，分布于世界各地，国内各向日葵产区也普遍发生。黑斑病主要危害叶片，也侵染茎秆和花盘，严重发生时引起茎叶枯死和病株早衰，减产幅度可达 20%～80%，含油率降低 20%～30%。在温暖湿润地区，若缺乏高抗品种，可迅速流行，成为主要病害之一。

【症状识别】　在叶片上生成圆形、近圆形或不规则形病斑，暗褐色至黑色，大小有变化，小的直径0.2～0.5厘米，大的1～3厘米。病斑中央往往有灰白色的小圆点，边缘常有淡绿色或黄色晕圈（彩照84,85）。有时病斑略显同心轮纹（彩照86）。通常下部叶片先发病，逐渐蔓延到中上部叶片。叶片上病斑可相互汇合，成为较大斑块，引起叶片枯萎或落叶（彩照87）。高湿时病斑上产生黑色霉状物。茎秆、叶柄上初生暗色小斑，扩大后成为长短不一的条斑、圆斑或梭形斑（彩照88），也可汇合成为较大的黑褐色斑块，病斑长度0.2～10厘米。茎上病斑随机分布，并不一定发生在叶柄着生处。花盘和苞片上也产生性状、大小不一的黑色有光泽病斑，通常不引起盘腐（彩照89）。

因病原菌种类不同，向日葵品种不同，除典型症状外，还可见到多种与以上描述不尽一致的病斑类型。例如，白花菊链格孢侵染后，叶片上病斑近圆形至不规则形，灰褐色至深褐色，外围紫褐色，边缘不清晰，直径0.2～1厘米，霉状物主要生于叶斑背面。有人还归纳为梅花形斑、大轮纹型斑、叶脉角斑、黄褐色小点、银灰色斑、白斑及穿孔病斑等多个类型。有疑问时需镜检病原菌，方能确定。

【病原菌】 黑斑病是真菌病害，病原菌是以向日葵链格孢为主的多种链格孢属真菌。链格孢是半知菌，属于丝孢纲，丝孢目，暗色孢科，链格孢属。链格孢属真菌菌丝体褐色，常不产生子座。分生孢子梗单枝或不规则分枝，褐色，有隔膜，单生或丛生，产孢细胞内壁芽生孔出式产孢，合轴式延伸，屈膝状，产孢痕明显。分生孢子卵形、椭圆形或倒棒形，淡榄褐色至褐色，有纵横隔膜，表面平滑或有细瘤、小刺，多数种类有短喙或长喙，串生呈链状或单生。寄生向日葵的有以下种类：

1. 向日葵链格孢 *Alternaria helianthi* (Hansf.) Tubaki & Nishihara 为侵染向日葵，引起黑斑病的主要种类。分生孢子梗浅榄褐色或深榄褐色，单生或2～4根束生，直立或屈膝状，基部细胞略大，孢梗顶端折点有明显的孢痕，顶细胞稍大，有 0～4 隔膜，大小 40～110 微米×7～10 微米。分生孢子单生，榄褐色，圆柱形、长椭圆形，正直或稍弯曲，两端钝圆，无喙，表面光滑，有横隔膜 4～10 个，纵(斜)隔膜 0～2 个，主横隔处略隘缩，脐点明显，位于基细胞末端，凹入细胞壁内，通常下端第 2～3 细胞处最宽，尺度 50～120 微米×15～20 微米(图 9)。除向日葵外，还侵染红花和苍耳。

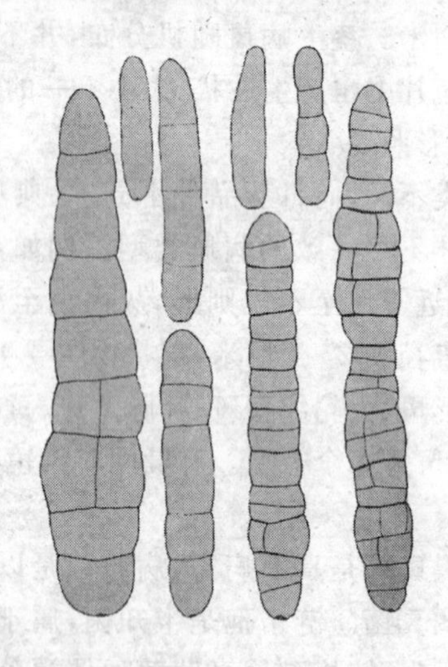

图 9 向日葵链格孢(左)和白花菊链格孢(右)的分生孢子

(仿 Simmons,1986)

2. 白花菊链格孢 *A. leucanthemi* **Nelen** 分生孢子单生，圆柱状，长椭圆形，偶尔倒棒状，淡灰褐色至中度灰褐色，具横隔膜 6～13 个，纵、斜隔膜 0～3 个，主横隔处明显隘缩，常有若干主横隔膜增厚，颜色加深，两端钝圆，尺度 49～96 微米×10～23.5 微米(图 9)。

3. 百日菊链格孢 *A. zinniae* **Ellis** 分生孢子单生，偶尔短链生，孢身倒棒状至广梭形，褐色至深褐色，具横隔膜 7～10 个，纵、斜隔膜 2～9 个，主横隔处略隘缩或明显隘缩，尺度 47～78.5 微米×15.5～24 微米，喙细长，丝状，不分隔或罕有分隔，无色，不分枝。

4. 向日葵侵染链格孢 *A. helianthinficiens* **Simmons, Walcz & Roberts** 分生孢子单生，偶有 2 个串生，孢身椭圆形、卵形，褐色，表面光滑或有细刺，具横隔膜 2～8 个，纵隔膜 1～2 个，孢身尺度 25～90 微米×10～25 微米，成熟孢子喙细长，丝状，包括喙在内，孢子长 100～200 微米。

5. 伸长链格孢 *A. protenta* Simmons 分生孢子单生，偶或 2 个成串，孢身长椭圆形，直或略弯，淡褐色至褐色，表面光滑或有细刺，孢身尺度 40～120 微米×12～20 微米，具横隔膜 5～14 个，纵隔膜 1 个，喙细长，直或曲折的丝状，淡色或无色，有隔，有 1 个分枝，长 80～150 微米，基部宽 3～5 微米。

6. 其他 据国外报道，发生于向日葵的链格孢还有向日葵生链格孢 *A. helianthicola* Rao & Rajagop，细极链格孢 *A. tenuissima*（Kunze）Wiltshire，长极链格孢 *A. longissima* Deighton & MacGarvie，互隔链格孢 *A. alternata*（Fr.）Keissler 等，但发生情况和重要性不明。其中互隔链格孢是常见的腐生菌或弱寄生菌，多发生于衰弱植株。

【发生规律】 病原菌主要在病残体中越冬，种子也带菌传病。幼苗出土后，若多雨高湿，就出现苗期发病高峰，子叶、真叶上布满病斑。但在通常情况下，前期仅底部叶片发病，在孕雷、开花后方上升到中上部叶片，乳熟至腊熟期严重发生。

种子可传带多种病原链格孢，且种子外部、种皮、种胚都可带菌，但种子带菌率较低。在大多数情况下，种子作为初侵染菌源相对不重要，但带菌种子可将黑斑病传入未发病地区或未发生田块，其作用亦不能忽视。

当季病株产生的分生孢子，随风雨扩散后，可引起再侵染，使病情不断加重。再侵染次数取决于当季降雨情况和田间小气候条件，有很大差异，这造成各年、各地流行程度的差异。

黑斑病发病温度范围5℃～35℃，最适温度25℃～27℃，叶面需保持12小时以上的湿润。若湿润时间延长到3～4天，则侵染增多，病斑大而多。在湿润多雨地区或高温多雨年份，黑斑病就可能严重发生，造成较大损失。连作田，密植田，灌溉不当、排水不畅的积水田发病加重。

【防治方法】

1. 栽培防治　选用抗病、耐病品种；秋季深翻地，清除病残体，减少初侵染源；常发区不连作，不应茬种植；调整播期，使感病生育阶段与雨季错开；合理密植，增强田间通透性；配方施肥，施足底肥，增施磷钾肥；排灌结合，避免提及积水；现蕾前期开始脱去植株下部病叶。

2. 药剂防治

(1)种子处理　用50%多菌灵可湿性粉剂、50%福美双可湿性粉剂或70%代森锰锌可湿性粉剂，按种子量的0.3%拌种，还可用2.5%咯菌腈(适乐时)种衣剂进行种子包衣。

(2)田间喷药　发病初期及时喷施杀菌剂，可供选用的药剂有：70%代森锰锌可湿性粉剂600～800倍液，75%百菌清可湿性粉剂800～1 000倍液，50%异菌脲可湿性粉剂1 000倍液，50%多菌灵可湿性粉剂600～800倍液，70%甲基硫菌灵可湿性粉剂800～1 000倍液，25%嘧菌酯(阿米西达)悬浮剂1 500倍液，10%苯醚甲环唑(世高)水分散粒剂1 500倍液等，间隔7～10天1次，喷2～3次。苗期发病为后期发生积累菌源，对决定当季流行有重要作用，且苗期易于进行喷药作业，应重点搞好苗期药剂防治。

十三、褐斑病

褐斑病又称为斑枯病或壳针孢叶斑病，是向日葵的一种常见的但研究较少的病害，通常不严重，在多雨高湿地区或早期多雨年份，可能严重发生，导致病株叶片早期枯死。

【症状识别】 苗期、成株期均可被侵染。子叶和下部叶片首先发病，逐渐向上部发展。叶片初现灰绿色水浸状病斑，后发展成圆形、不规则形暗褐色病斑，周围常有黄色晕圈，病斑背面灰白色，病斑直径多为 0.5～1.5 厘米，扩展受叶脉限制（彩照 90）。后期叶斑表面生有多数黑色小粒点，即病原菌的分生孢子器，用手持放大镜可见。病斑易脱落穿孔，发病严重的病斑相互汇合，整个叶片枯死。茎秆和叶柄上病斑狭条状，褐色。

【病原菌】 褐斑病是真菌病害，病原菌为向日葵壳针孢，学名 *Septoria helianthi* Ell. Et Kell.，是一种半知菌，属于腔孢纲，球壳孢目，壳针孢属。该菌分生孢子器球形或近球形，黑褐色，直径 150 微米，散生或聚生，埋生在寄主表皮下，孔口部稍突出。分生孢子梗不明显或缺如，产孢细胞全壁芽生产孢，合轴式延伸。分生孢子细长针形或线形，无色，具 1～5 隔，直或稍弯，一端较细，尺度 35～70 微米×2.2～6.7 微米（图 10）。向日葵壳针孢侵染栽培向日葵和野生向日葵。

【发生规律】 病原菌主要以分生孢子器或菌丝体在病残体上越冬，翌春温湿度条件适宜时，分生孢子从分生孢子器中逸出，借风雨传播蔓延，进行初侵染和后续侵染。带菌向日葵种子也是主要越季菌源，可将褐斑病传入未发生区。全生育期都可侵染发病，开花期后病情增长加快。发病的温度范围较广，但以 22℃～25℃ 最适宜，需要有降雨、结露或高湿度条件。降雨较早、较多的年份可酿成褐斑病流行。重茬地、低洼地发病加重。

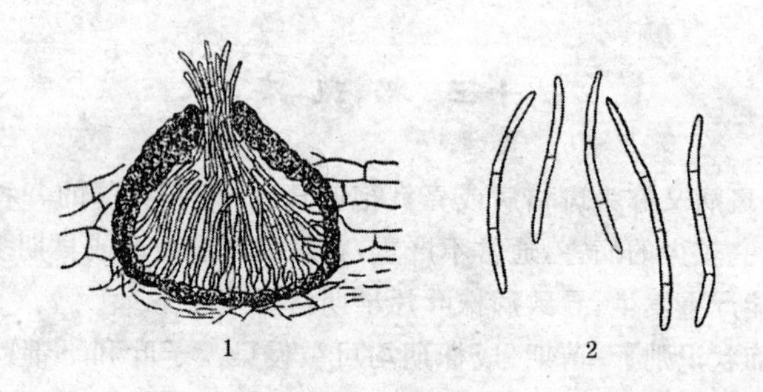

图 10　壳针孢

1. 分生孢子器　2. 分生孢子

【防治方法】 参见黑斑病的防治方法，防治黑斑病可兼治本病。

十四、盘腐病

有多种真菌侵染向日葵花盘，在前述章节已有介绍。除此以外，还有一些寄生性较弱的真菌，在近成熟期或成熟期侵染花盘，引起花盘腐烂，本节将这类病害统称为“盘腐病”。其中根霉盘腐病是最常见的花盘病害，虽然通常发病率较低，但在适宜条件下也可能猖獗发生，病株种子不能正常灌浆。在美国德克萨斯州曾有种子产量因病降低 20％，含油率降低 45％，游离脂肪酸含量增高 20％的记录。另外，灰葡萄孢和枝孢侵染引起的盘腐也较常见。

【症状识别】

1. 根霉盘腐病 在花盘背面初生褐色水浸状病斑，扩大后花盘组织水湿状软腐，产生茂密的黑色霉状物，内含许多针尖大小的黑色小点（病原菌孢子囊），肉眼隐约可见，用手持放大镜观察清晰可见（彩照 91），有时霉状物也蔓延到花盘正面。干燥后，病花盘皱缩失形，组织破碎。根霉盘腐病与灰霉病的主要区别，在于霉状物更为发达，色泽近黑色，霉状物中有多数小黑点。

2. 灰霉盘腐病　成熟期花盘背面初生褐色病斑，后水渍状湿腐，密生灰色霉状物，严重时蔓延到整个花盘，花盘正面种子间充满灰白色菌丝体，严重时病花盘变为腐烂的海绵状物，不能结实（彩照 92,93）。灰霉盘腐病的霉层仅生于病部表面，不像根霉那样深入内部。灰霉病也可发生于茎、叶等部位，但主要危害花盘。

3. 枝孢盘腐病　在花盘背面形成近圆形或不规则形病斑，略凹陷，中部灰褐色，边缘清晰，病斑上敷生灰黑色霉状物。在花盘正面，罹病籽实不能灌浆，皱缩失形，表面也覆盖灰黑色霉状物（彩照 94）。

【病原菌】

1. 根霉　根霉盘腐病是真菌病害，病原菌主要是匍枝根霉（图 11），学名 *Rhizopus stolonifer*（Ehrenb. ex Fr.）Vuill.，属于接合菌门，接合菌纲，毛霉目，毛霉科，根霉属。

该菌菌丝无隔膜，菌丝体繁茂，褐色，由假根和匍匐丝构成。假根是菌体上形成的根状分枝，可固定在基质上，吸取养分和水分，假根间由匍匐（菌）丝连接，匍匐丝弓状弯曲。孢囊梗从假根处生出，直立，2～4 根簇生，黑褐色，顶端单生孢子囊。孢子囊球形或近球形，褐色，直径 65～350 微米，囊轴近球形、卵形或不规则形，囊轴基部有囊托，囊壁易消解或破裂。孢囊孢子近球形或多角形，单胞，尺度 5.5～13.5 微米×7.5～8 微米，暗色。配子囊同型，多异宗配合。结合孢子球形至卵形，壁厚，黑色，表面粗糙，直径 160～220 微米。该菌多腐生于有机物上，有弱寄生性，危害多种植物的果实、块茎、鳞茎，引起软腐病。此外，危害向日葵，引

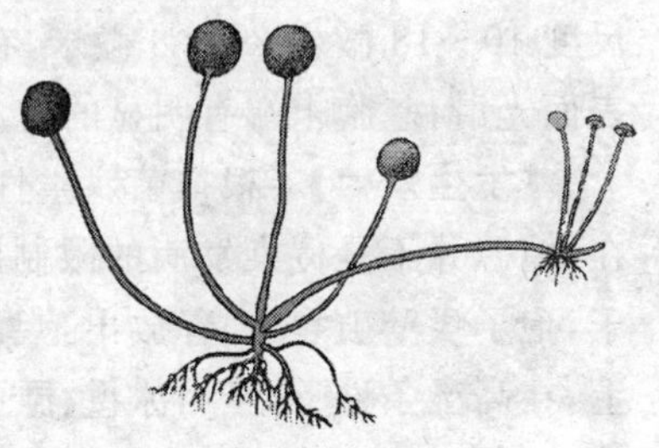

图 11　根霉菌的形态

起盘腐的根霉菌还有少根根霉(*R. arrhizus*),微孢根霉(*R. microsporus*)等。

2. 灰葡萄孢 引起灰霉盘腐病的病原菌为灰葡萄孢,学名 *Botrytis cinerea* Pers. ex Fr.,是一种半知菌,属于丝孢纲,丝孢目,淡色孢科,葡萄孢属。菌丝体无色或淡色,分生孢子梗淡色,有隔膜,上部1~2次分枝,分枝的末端膨大,上密生小梗,聚生多数分生孢子。分生孢子单生,单胞,球形或椭圆形,尺度9~16微米×6~10微米,无色或淡色,聚集时成葡萄穗状,呈灰色。

3. 多主枝孢 引起枝孢盘腐病,学名 *Cladosporium herbarum*(Pers.)Link et Gray,也是一种半知菌,属于丝孢纲,丝孢目,暗色孢科,枝孢属。菌丝体淡褐色至褐色,分生孢子梗单生或数枝丛生,直或弯,淡褐色至黑褐色,平滑或有细瘤,顶端不分枝或少分枝,有隔膜。产孢细胞全壁芽生产孢,合轴式延伸,屈膝状,产孢痕明显。分生孢子单生或成短链状串生,椭圆形、圆柱形或柠檬形,尺度10~18微米×5~8微米,有0~3个隔膜,淡褐色至黑褐色,表面光滑,基胞末端有明显的脐。

【发生规律】 根霉菌腐生性强,在有机物上和土壤中普遍存在,菌源并不是侵染发病的限制因素。该菌孢子囊中含有大量孢子,孢子囊壁破裂后,释放出孢囊孢子,随气流传播到向日葵植株上,在高湿条件下,经由冰雹、昆虫、鸟类等造成的伤口侵入。

根霉盘腐病的发病程度和损失取决于伤口多少,环境条件以及侵染时间。花盘有伤痕是侵染和发病的必要条件。经受害虫危害、鸟类啄食或冰雹后,花盘伤口激增,随后盘腐病也严重发生。有试验表明,盘腐病的发病率和严重程度与葵螟发生量成正相关。花盘的抗病性随成熟期临近而逐渐减弱,因而即使发病较晚,也可能造成减产。病花盘多破碎,使籽粒落地。存留在病花盘上的籽粒有苦味,含油量降低。田间高温、高湿,降水较多或灌溉失当都有利于病情发展。

灰葡萄孢主要以菌丝体和分生孢子在植物残体上越冬，该菌寄主广泛，菌源复杂。越冬后分生孢子随气流、雨水及农事操作进行传播蔓延，可侵染各个发育阶段的向日葵，以花盘发病最快，受害最重。灰葡萄孢可先在衰弱的植物器官或有机物上腐生，待条件适宜时从衰弱的苞片、花瓣等部位侵入。该病发生的温度范围为 2℃～30℃，适温 17℃～22℃，要求有 93%～95%以上的高湿度。向日葵生育后期多雨，收获延迟时发病重。

多主枝孢的寄生性也较弱，可在多种植物的残体上越冬。春季分生孢子随风雨扩散，从伤口或自然孔口侵入。该菌侵染发病的温度范围较宽，适温 22℃～25℃，要求有 95%以上的高湿度。枝孢多在生育后期，寄主生长衰弱，环境条件适宜时侵染花盘和籽粒。

【防治方法】 防治盘腐病的主要措施是减少花盘的伤口。为此应重点搞好葵螟和其他花盘害虫的防治。参见本书葵螟一节。此外还要适期播种，使花盘期尽量避开雨季，要合理密植，尽量采用间套作方式，以改善田间通风透光条件。雨后要及时排水，防止湿气滞留，降低田间湿度。

十五、细菌性软腐病

细菌性软腐病也称为细菌性茎腐病，主要引起向日葵茎秆和葵盘湿腐，为常见病害，大多数病株在生长后期出现。品种间抗病性有差别，有些品种、品系高度感病，发病率高，可能蒙受较大的产量损失。

【症状识别】 茎秆多从叶腋处或伤口处开始发病，形成榄绿色水浸状斑块，不规则形，很快向上方、下方和内部扩展蔓延，病茎秆变深褐色至黑色(彩照 95)，髓部软腐(彩照 96)，组织解体，有菌浓，散放恶臭，后萎缩中空。后期病茎凹陷或条状开裂，易折断或倒伏。茎秆发病，可向下蔓延到根部，引起根腐。病原细菌还侵染花盘，形成不规则形斑块，初水浸状，后变黑色，湿腐，黏滑，有恶臭，花盘萎垂，严重时全盘腐烂殆尽。

【病原菌】 为细菌病害，主要病原细菌是胡萝卜果胶杆菌胡萝卜亚种，学名 *Pectobacterium carotovorum* subsp. *carotovorum* (Jones) Hauben et al.，以及胡萝卜果胶杆菌黑胫亚种，学名 *Pectobacterium carotovorum* subsp. *atrosepticum* (van Hall) Hauben et al.。

该菌为薄壁菌门，肠杆菌科，果胶杆菌属成员，原来属于欧文氏菌属。菌体短杆状，尺度 0.5～1 微米×1～3 微米，周生鞭毛，无芽孢。革兰氏染色反应阴性，兼性厌气，呼吸型或发酵型代谢。该类细菌产生大量的果胶酶，使植物组织的薄壁细胞浸离，引起植物的软腐症状。

在台湾省，还发现菊果胶杆菌（*Pectobacterium chrysanthemi*）也能侵染向日葵，引起软腐病。

【发生规律】 病原细菌主要随病残体越冬，成为下一季的初侵染菌源。杂草、自生葵苗、越冬的其他寄主植物，也可能提供越冬菌源。该菌寄主范围很广，引起马铃薯、大白菜、甘蓝、葱类、胡萝卜以及其他多种蔬菜、花卉的软腐病，不同寄主作物间可交互侵染，菌源非常复杂。因而，引起向日葵田发病的病原菌可能来自当季发病的其他作物。

在田间，病原细菌可随气流、雨水、灌溉水、昆虫等传播，发生再侵染，使病情加重。病原细菌通过鸟类、冰雹或昆虫造成的伤口，自然裂口，病痕，自然孔口等处侵入，分泌果胶酶，浸解植物组织，出现软腐症状。

幼株比趋向衰老的植株抗病性强，因而生育后期病情较重。在虫害严重，雨水多，湿度高的条件下发病加重。品种间抗病性有明显差异，种植高度感病品种或易产生自然裂口的品种，病株增多。

【防治方法】 淘汰高感品种，鉴选和种植抗病、耐病品种；要搞好田间卫生，及时清除病残体，深翻土地；不与严重感染软腐病的作物，例如马铃薯、蔬菜、花卉等接茬种植，也不与这类作物间作套种；加强田间管理，科学施肥，合理施用氮、磷、钾肥，提高植株抗病性；实行高垄栽培，合理灌溉，雨后及时排水，防止积水，降低田间湿度。

十六、病毒病害

在各类植物病害中，病毒病害的重要性仅次于真菌病害，居第二位。各种作物都有其危害严重的病毒病害，招致重大经济损失，但向日葵不同。历史上向日葵的病毒病害种类较少，发生也不普遍。21 世纪以来，向日葵病毒有所加重，特别是在热带、亚热带地区，有的病毒已经成为重要防治对象。国内对向日葵病毒尚缺乏基础研究，病毒种类和分布不明，急需加强。

【症状识别】 向日葵病毒病害的症状复杂，由田间调查和文献所见，少有单一症状，多是几种症状并存，而以其中某一种为主。常见的症状类型有花叶、坏死和黄斑。

1. 花叶型 病株叶片不均匀变色，造成深绿色、浅绿色或黄色的变色部分相互交错混杂，这称为“花叶”，若各种颜色之间界线模糊不清，则称为“斑驳”。花叶和斑驳都是向日葵病毒病害的常见病状，以此为主的症状类型称为花叶型（彩照 97）。出现花叶的向日葵病株，往往还伴随有其他症状，例如褪绿或黄色环斑（彩照 98），畸形，叶脉黄化，叶柄和茎上出现坏死条斑，病株矮缩等。花叶症状由黄瓜花叶病毒，向日葵花叶病毒和烟草花叶病毒等引起，以黄瓜花叶病毒发生较广。

2. 坏死型 坏死是病毒侵染使病株细胞和组织受到破坏而

死亡的现象。有的整个植株或整个器官坏死，有的仅局部组织坏死，形成坏死病斑。向日葵病毒引起的坏死症状因病毒种类或向日葵品种不同而有差异，有的病株叶片出现圆形、近圆形褐色坏死斑（彩照 99），有的出现坏死环斑（彩照 100），有的出现沿脉坏死（彩照 101），还有的在叶柄和茎秆上产生黑色条斑等。坏死型症状往往伴随有叶片褪绿、花叶、畸形、矮缩等症状。烟草线条病毒侵染向日葵，主要引起茎秆和叶柄的坏死条斑，致使叶片枯死或整株枯死。

3. 黄斑型 以出现黄色病斑或黄化为主要特征，常见在叶片的叶脉间散生淡黄色斑点（彩照 102），后相连成黄色斑块，有的病叶还皱缩不平（彩照 103）。有的则出现较大的亮黄色斑点（彩照 104），起初多发生于叶片尖端和叶缘，可汇合形成不规则形黄色脉带。还有的整个叶片黄化。黄斑型也可能伴随有花叶、坏死症状。向日葵皱缩病毒侵染的向日葵表现黄斑、斑驳和病叶皱缩等症状。被甜菜西方黄化病毒侵染的向日葵，叶片变厚，褪绿，脉间淡黄色，出现不规则坏死斑块。

【病原物】

1. 黄瓜花叶病毒 *Cucumber mosaic virus*（CMV）为雀麦花叶病毒科，黄瓜花叶病毒属代表种，粒体为等轴对称的二十面体，直径 28～30 纳米，基因组核酸为正义 ssRNA，三分体。病毒的钝化温度为 65℃～70℃，稀释限点为 10^{-5}～10^{-6}，体外存活期为 1～10 天。自然寄主有 67 个科 470 多种植物，侵染向日葵的为该病毒的一个株系（CMV-SF）。主要症状为花叶，也表现环斑花叶、坏死、畸形等多种症状，幼株、幼叶发病重。发病早的病株矮缩，顶部小叶扭曲，花盘畸形，不育或种子皱缩，叶柄和茎上生狭窄的褐色条斑。可由 75 种蚜虫进行非持久性传播，其中主要是棉蚜和桃蚜。少数植物的种子带毒传毒。大量的野生寄主是田间发病的主要毒源。分布于世界各地，国内也常见。

2. 向日葵花叶病毒 *Sunflower mosaic virus*(SuMV) 为马铃薯Y病毒科Y病毒属的暂定种，粒体线状，长723纳米，无包膜。单分体基因组，核酸为正义ssRNA。外壳蛋白由一种多肽组成。稀释限点1∶1 000～1∶80 000，钝化温度65℃～75℃，体外存活期4～5天(室温)。自然寄主为向日葵，主要表现系统花叶斑驳症状，也表现茎、叶坏死症状。发病早的病株矮缩，叶片和花盘畸形。在寄主细胞质内产生风轮状内含体。试验寄主中蛇目菊属和百日菊属也表现系统症状。主要由桃蚜、棉蚜、花生蚜等蚜虫进行非持久性传播，也可以机械传播，种子传毒。分布于美国、印度、中国等国家。印度报道的症状多表现于幼叶，以花叶为主，伴有环斑、褪绿斑。病株矮缩，叶片、花盘畸形，种子皱缩。

3. 烟草线条病毒 *Tobacco streak virus*(TSV) 属于雀麦花叶病毒科，等轴不稳环斑病毒属，粒体为等轴对称二十面体，无包膜。三分体基因组，核酸为正义ssRNA。外壳蛋白由一种多肽构成。体外存活期1.6天，钝化温度64℃，稀释限点10^{-4}～10^{-1}。自然寄主范围宽，多达200余种，包括烟草、棉花、大豆、菜豆、绿豆、花生、向日葵等重要作物和多种杂草(苍耳、银胶菊等)。由棕榈蓟马、菊简管蓟马、黄胸蓟马、烟蓟马、梳缺花蓟马、西花蓟马等蓟马传毒，机械接种传毒，嫁接传毒，植株接触不传毒。向日葵由花粉传毒，种子不传毒，银胶菊的花粉也传毒，有些植物种子传毒。引起向日葵坏死病，发生于澳大利亚、印度、阿根廷等国。病株叶片、叶柄、苞片等部位都发生坏死症状。叶柄和茎秆上产生黑色条斑，叶片从叶缘开始枯死，伴有褪绿、花叶症状，有的还产生黄色斑块或坏死环斑，叶片扭曲畸形。病株矮缩，节间缩短，有时花盘梗弯曲成S状。全生育期发病，早期发病的幼苗整株枯死，中期发病的茎秆脆弱，髓部变黑，易倒伏，不结实或花盘减小，后期发病的症状较轻。

4. 向日葵黄化斑点病毒 *Sunflower chlorotic spot virus*

(SCSV) 属于马铃薯Y病毒科Y病毒属,粒体线状,长770微米,宽13微米,无包膜。单分体基因组,核酸为正义ssRNA。病株表现黄斑和全叶黄化症状,在寄主细胞质内产生风轮状和束状内含体。但后续研究表明,该病毒应是鬼针草斑驳病毒(*Bidens mottle virus*,BiMoV),蚜虫和病株汁液接触传毒。

5. 向日葵皱缩病毒 *Sunflower crinkle virus*(SuCV) 暂定种,属于形影病毒属(*Umbravirus*),曾称为向日葵皱缩花叶病毒(*Sunflower rugose mosaic virus*)。该病毒不形成通常的病毒粒体,基因组为正义ssRNA。机械传毒,种子也传毒。发生于肯尼亚,坦桑尼亚、马拉维和乌干达等东非国家。向日葵病株叶片皱缩变形,产生不规则褪绿斑驳或黄色脉斑,叶片边缘下卷,病株矮缩,严重发病时,花盘减少70%。

此外,已有报道的向日葵病毒还有许多,但多是孤立事例,缺乏系统研究和病原认定。其中比较著名,已有病毒鉴定事例,但尚需进一步核实的有向日葵褪绿斑驳病毒(*Sunflower chlorotic mottle virus*),向日葵黄斑病毒(*Sunflower yellow blotch virus*),向日葵黄色环斑病毒(*Sunflower yellow ringspot virus*)等。其他作物发生的一些重要病毒,诸如烟草花叶病毒,甜菜西方黄化病毒,番茄斑萎病毒等,也侵染向日葵。

【发生规律】 向日葵病毒种类较多,病毒种类不同,发生规律也有所不同。病毒是活体寄生物,不能脱离活植物而生存。在北方冬季严寒地区,病毒侵染越年生杂草或温室作物而越冬,成为下一季向日葵的毒源。在没有当地越冬寄主植物的地区,翌年向日葵发病,只能依赖昆虫介体传播的异地毒源,或当地早播发病作物提供的毒源。在冬季温暖,露地仍然栽培寄主作物的地区,病毒得以周年发生和造成危害。少数向日葵病毒种子带毒,病毒随带毒种子越季和传播。

病毒有多种传播途径,多数植物病毒都可以汁液接触传毒,即病株的汁液带有病毒粒体，工具或人体接触病株后，就有可能被病毒污染而带毒，若再接触无病健株，就可能把病毒传给健株，使病株增多。烟草花叶病毒是依靠病汁液接触传播的典型例子，不仅如此，该病毒抗逆力很强，混有病株残体的肥料、种子、土壤，烤过的烟叶、烟末等都能成为毒源，这是很特殊的。向日葵皱缩病毒也主要是机械传毒，甜菜西方黄化病毒不能由汁液接触传播。

许多重要病毒由介体昆虫传播。例如，黄瓜花叶病毒可由 75 种蚜虫进行非持久性传播，其中主要是棉蚜和桃蚜，向日葵花叶病毒、鬼针草斑驳病毒、甜菜西方黄化病毒等也由蚜虫传毒。烟草线条病毒、番茄斑萎病毒则由多种蓟马传毒。根据介体持毒时间的长短可以分为非持久性传播、半持久性传播和持久性传播等 3 种类型。蚜虫传毒多为非持久性类型，从病株上获毒取食的时间很短，只要几秒钟到几分钟，蚜虫获毒后立即可以传毒，不在昆虫体内循回，无潜伏期，持毒期数分钟至数小时，蜕皮后无传毒能力。

少数病毒可由种子或花粉传毒。据称，向日葵种子可以传播向日葵皱缩病毒、向日葵花叶病毒，花粉可以传播烟草线条病毒。某种病毒可以种子传播，并不意味着其各种寄主植物的种子都可以传毒，即使可以传毒，种子带毒率及其在病毒流行中的作用也不相同，需要具体分析。

若田间毒源植物多，种子带毒率高或传毒昆虫盛发，往往造成病毒病害的大发生。田间管理粗放，多年生杂草多，前作、邻作为感病寄主作物，或者棚室与邻近露地接续种植感病寄主作物，都可能使毒源增多，有利于病毒流行。天气高温干旱、日照强，适于蚜虫繁殖，有翅蚜迁飞和病毒扩散，发病增多。向日葵缺水、缺肥，生长不良，则抗病性和耐害性降低，受害加重，早期发病的，受害更重。

【防治方法】 搞好防治工作，首先要确切了解当地病毒种类和发生规律，有针对性地提出有效防治方法。若不了解而盲目防治，很难奏效。病毒病害防治的一般方法，主要有下述各项。

1. 选用抗病、耐病品种 选用抗病、耐病品种是防治病毒病害的首要措施。对各种重要作物病毒，都已开展抗病育种工作，已有抗病、耐病品种问世。抗病品种均有其抵抗的具体目标病毒，不可能兼抗各种病毒。若目标病毒与田间实际发生的病毒种类或株系不同，抗病品种就不能发挥作用，在选用品种时需要特别注意。

2. 使用无毒种子，实行种子消毒 对于种子传播的病毒，需在隔离的无病毒制种地制种，确保不发生病毒病害，生产和使用健康种子。种子消毒的方法较多，常用的磷酸三钠溶液浸种，仅对种子表面污染的病毒有效，对种子内部传带的病毒无效。种子干热恒温处理能钝化种子内外的病毒，但需试验确定适宜的温度和处理时间，防止对种子本身的损害。

3. 加强栽培管理 不与毒源作物连作、间作，向日葵田块周围不种植其他寄主作物，及时清除杂草，减少毒源。要适期播种，使苗期尽量避过传毒介体昆虫的迁移盛期。要加强水肥管理，增强植株抗病性和耐害性。对于通过接触病株而传播的病毒，要防止农事操作传毒，在田间作业时，应遵循先无病地后发病地的原则，避免器械和人手传毒，并尽可能地仔细操作，不造成伤口。

4. 防治传毒介体昆虫 尽早防治蚜虫、蓟马等传毒介体，是控制病毒发生的关键措施。具体有药剂防治方法、物理防治方法和生物防治方法等，应根据传毒介体种类及其发生规律确定。

5. 施用病毒防治剂 在发病初期喷施 NS-83 增抗剂，盐酸吗啉胍・铜(病毒 A)，植病灵，菌毒清或菌克毒克等常用病毒防治药剂，对于缓解症状，减轻损失也有一定作用。

第二章　高等寄生植物

一、列　当

列当是寄生性被子植物，叶片退化，叶绿素消失，不能进行光合作用，需从被寄生的向日葵植株掠夺养分和水分。被寄生的向日葵植株矮小瘦弱，不能形成花盘或花盘瘦小，秕粒增多。受害向日葵产量和品质大幅度降低，严重者凋萎干枯，整株死亡（彩照105）。在干旱半干旱地区，感病向日葵品种因列当寄生产量损失高达 50%～100%。列当已经成为我国北方向日葵产区的重要有害生物和主要防治对象之一。

【种类和形态】 列当是双子叶植物，属于被子植物门，木兰纲，菊亚纲，玄参目，列当科，列当属。列当没有真正的根，只有假根（吸根）吸附在寄主根表（彩照 106），以短须状吸器与寄主根部的维管束相连。其肉质茎单生或分枝，直立地伸出地面，叶片退化成小鳞片状，无柄，无叶绿素（彩照 107，108）。穗状花序或总状花序（彩照 109），两性花，借昆虫传粉，果实为蒴果，内有种子 500～2 000 粒。种子非常细小，直径 200～400 微米，千粒重仅有 15～25 毫克（彩照 110）。我国寄生向日葵的列当主要有向日葵列当、列当和瓜列当等。

1. 向日葵列当　一年生根寄生草本，学名：*Orobanche cumana* Wallr.，茎直立，单生，高 30～40 厘米，黄褐色至褐色，具浅黄色腺毛。叶退化鳞片状，无柄。紧密穗状花序，苞片披针形，有 1 枚小苞片。花萼 5 裂，贴茎的一个裂片不显著，基部合生；花冠二唇形，上唇2裂，下唇3裂，蓝紫色。雄蕊4枚，插生于花冠筒上，花冠在雄蕊着生以下部分膨大，雌蕊柱头膨大，花柱下弯，子房卵形，由4片心皮合生，侧膜胎座。蒴果卵形或梨形，熟后二纵裂。种子形状不规则，略成卵形，黑褐色，种脐黄色，表面有网纹，纹孔椭圆形。寄生菊科、茄科、葫芦科植物，主要寄主为向日葵、烟草、番茄等，分布于我国西北、华北、东北。

2. 列当 曾被称为白城列当，一年生或二年生根寄生草本，学名 *Orobanche coerulescens* Steph.，高10～50厘米，全体被丝状白色长绵毛。茎直立，粗壮，不分枝，黄褐色，具明显条纹。叶互生，鳞片状，卵状披针形，黄褐色。紧密穗状花序顶生。苞片卵状披针形，无小苞片。花萼长，二深裂至基部，每一裂片先端二裂。花冠深蓝色、蓝紫色或淡紫色，二唇形，上唇宽，有二浅裂，下唇三裂，近圆形。雄蕊4枚，着生于花冠筒下部，花丝基部被绵毛，雌蕊花柱与花丝近等长。蒴果卵状椭圆形，二裂。种子微小，不规则椭圆形，扁平，成熟后黑褐色，表面有粗网状纹，网眼底部具蜂巢状凹点。寄生菊科植物，分布在我国东北、华北和西北。

3. 瓜列当 又名埃及列当，一年生根寄生草本，学名：*Orobanche aegyptiaca* Pers.，高15～50厘米，全株被腺毛。茎直立，中部以上分枝，黄褐色。叶鳞片状，黄褐色，卵状披针形。穗状花序顶生枝端，疏松，苞片卵状披针形，有2枚小苞片，条状钻形，短于花萼。花萼钟形，近膜质，淡黄色，先端浅四裂。花冠唇形，蓝紫色，近直立，筒部漏斗状，上唇二浅裂，下唇短于上唇，三裂。雄蕊二裂，花药有毛，子房上位，侧膜胎座，花柱内藏。蒴果长圆形，二裂。种子多数，微小，卵圆形，灰褐色，表面有皱纹，网眼近方形，底部具网状纹饰。分布于新疆、甘肃等地，主要寄生葫芦科、菊科、茄科、伞形科、十字花科植物，主要寄主为瓜类、向日葵、番茄等。

【生物学特性】 列当种子在土壤中或夹杂在向日葵种子间越冬，种子生活力极强，在土壤中通常可存活5～10年，有的更长达

15～20年。

列当种子成熟后需经过一定时间的后熟作用，方能萌发。越冬后的列当种子，在下一季向日葵出苗后，接受到向日葵根部分泌物的刺激，便萌发长出芽管，吸附在向日葵的侧根上，以吸器侵入根内，与寄主的维管束系统连接，建立起寄生关系。列当种子萌发需要有适宜的温度，充足的水分，较高的土壤酸碱度和寄主根部分泌物的刺激。萌发的适宜温度是16℃～25℃，温度低于10℃，或高于35℃都不能萌发。适于萌发的湿度为70%～80%，湿度过高，也不能萌发。适宜的土壤酸碱度pH>7，在土壤pH≤7.0时不能萌发。有些植物的根部分泌物可以刺激列当种子萌发，但萌发后的列当芽管不能与之建立寄生关系而死亡失效。这类植物特称为发芽诱导植物或诱杀植物。例如，高粱、辣椒、绿豆和苜蓿等是瓜列当的诱杀植物。土壤中当季没有萌发的列当种子，仍能继续保持发芽力。向日葵重茬地、迎茬地，土壤中列当种子积累较多，受害也较重。

列当的种子发芽很不整齐，在适宜季节几乎每天都有种子萌发。列当从种子萌动到出土，历时5～6天，从出土至开花约经6～7天，开花至结实5～7天，结实至种子成熟13～17天，种子成熟至蒴果开列1～2天，一个世代历时30～40天。在新疆，向日葵列当7月末至8月上旬出土，8月中旬至9月初为盛期。列当的生长期4～9月，花期4～7月，果期7～9月。瓜列当生长期为4～8月。

一株向日葵通常被数十株列当寄生，有时多达一百至二百株，最多可达300余株。列当借昆虫传粉，每朵花发育出一个蒴果，每株列当可产生种子5万～10万粒，最多达45万粒。列当种子随风雨、水流、人畜以及农机具传播，还常混杂在向日葵种子间，随种子传播扩散。

落入土壤中的种子，多分布在5～10厘米深的土层中，1～5

厘米次之，最深可达10～12厘米。5～10厘米深处向日葵侧根上寄生的列当多，危害重，而寄生在向日葵主根或深根处的列当芽苗不易出土。

列当的寄生方式是全寄生和根寄生。所谓全寄生是指其吸根与寄主植物的导管和筛管相连，从寄主植物获取所需要的各种生活物质，包括水分在内。根寄生是指生于寄主根部，地上部彼此分离。

列当是专性寄生物，群体内部有寄生性分化，可区分为不同的小种。早在20世纪80年代，欧洲就利用具有单一显性抗病基因(*Or*1至*Or*5,)的5个鉴别品系，鉴定发现了5个小种(小种A至小种E)，到90年代又发现了小种F，该小种能够克服上述5个抗病基因。列当的小种演化速度很快，需持续进行监测。

【防治方法】 对列当的防治应以种植抗病品种和实施检疫等预防措施为主，因为一旦发生了列当，大量列当种子进入土壤，很难清除。列当种子萌发和寄生致害过程发生在出土前，当列当植株出土而为人们觉察时，已经造成损害。

1. 实施检疫 列当属为全国农业植物检疫性有害生物和我国进境植物检疫性有害生物，严禁从病区引进向日葵种子，对调运的向日葵种子需依法严格检疫，若发现带有列当种子，不得种用。已发病地区，需尽快控制和铲除疫情。

2. 选用抗病品种 迄今所利用的向日葵抗病性，仍是主效基因抗病性，具有小种专化性，可能因小种更替而失效。向日葵列当的小种演化较快，需持续进行小种监测，根据小种区系，开展抗病育种和进行品种合理布局。

3. 实行轮作 病田停种向日葵，与禾本科作物、甜菜、大豆等实行5～6年以上的轮作，受害严重地块应实行8～10年轮作。

4. 人工铲除 在列当出土盛期和结实前，及时中耕2～3次，铲除或截断列当植株，对铲下的列当茎枝花序，应收集在一起，也可人工拔除后，烧毁或深埋。向日葵收获后，应深翻土地，将列当种子翻埋至15厘米土层以下。此外，还要彻底铲除田间向日葵自生苗。

5. 药剂防治　向日葵播前或播后苗前，用除草剂喷布土壤，进行封锁。48%地乐胺乳油每公顷用药量，沙质土2.25千克，壤质土3.45千克，黏质土4.5～5.6千克，各对水300～500千克喷雾。48%氟乐灵乳油每公顷用药1.5～2.25千克（壤质土），对水300～450千克喷布土壤，耙地浅混土8厘米左右。33%二甲戊乐灵（施田补）乳油每公顷用药3.75～4.5千克，对水300～450千克喷布土壤，沙质土地块用药量酌减，黏质土地块酌增。也可在向日葵出苗后，列当出土前，用除草剂喷布除向日葵植株以外的地表。

在列当出土后，用除草剂药液喷布列当植株和土壤表面。72%2.4-D丁酯乳油每667米^{2}用药50～100毫升，加水30～40千克喷雾；20%二甲四氯钠水剂每667米^{2}用药200～300毫升，加水30～40升喷雾。向日葵的花盘直径普遍超过10厘米时，才能进行田间喷药，否则易发生药害。在向日葵和豆类间作地不能施药，因豆类易受药害死亡。

另外，在列当盛花期之前，用10%硝氨（铵）水溶液灌根，每株向日葵150毫升左右，可杀死列当，但干旱时灌根，向日葵易生药害。

二、菟丝子

菟丝子是常见的双子叶草本全寄生植物，攀缘缠绕在向日葵等寄主植物的茎叶上，易于发现和识别。菟丝子对寄主植物有多方面的危害，最重要的是从寄主植物体内掠夺吸取营养物质和水分，其次是以大量茎蔓缠绕、压迫和抑制寄主植株，另外还能传播某些植物病毒。受害植株生长发育不良，矮小黄瘦，严重时枯死。

菟丝子属约有100～170种，分布广泛，寄主繁多。常见种类有中国菟丝子 *Cuscuta chinensis*，日本菟丝子 *C. japonica*，南方菟丝子 *C. australis*，单柱菟丝子 *C. monogyna*，田野菟丝子 *C. campestris*，五角菟丝子 *C. pentogona* 等。在我国各地，危害向日葵的主要菟丝子种类尚待调查确定。

【形态特征】 菟丝子是旋花科菟丝子属的寄生植物(彩照111,112)，为一年生草本，无根，无叶或叶片退化为鳞片状，茎为黄色丝状物，细弱，缠绕在寄主植物的茎和叶部，与寄主茎接触处产生吸盘，侵入寄主，其导管与筛管分别与寄主的导管与筛管连接。花小，白色，淡黄色或淡红色，无梗或有短梗，形成穗状、总状或球状团伞形花序。蒴果近球形，为宿存花冠所包被，成熟时开裂。种子2～4粒，种子淡褐色，圆形或椭圆形，长1～1.5毫米，宽0.9～1.2毫米，种皮光滑或粗糙，胚乳肉质，种胚弯曲成线状。幼苗丝状，淡绿色，顶端缠绕状。主要寄主为豆科、菊科、蔷薇科、茄科、百合科、伞形科、蓼科和杨柳科植物。

【生物学特性】 菟丝子主要以种子在土壤中越冬。菟丝子种子具有休眠特性，土壤中的种子每年仅有少量萌发，多在4～6年后达最大萌发率。在干燥条件下，种子存活10年以上，有的更长达60年。

越冬种子在气温达到15℃后开始萌发，土壤含水量为15%～35%时萌发率高，低于10%不能萌发。土层1～3厘米深处的种子发芽最多，4厘米以下明显减少，7厘米以下不能萌发出土。种子萌发时先生出胚根，然后长出黄色细丝状幼苗，伸出表土，上端旋转伸出，趋近并缠绕寄主，与寄主茎接触的部位生出吸盘，继而穿透表皮和皮层，与寄主维管束相连，建立寄生关系。此后幼苗自然干枯，与土壤分离。如幼苗遇不到寄主，可存活10～13天，养分耗尽后死亡。

菟丝子种子萌发很不整齐，4～6月份为萌发高峰期。缠绕在寄生植物上的茎蔓生长很快，条件适宜时一天可生长 7 厘米。不断分枝和形成吸盘，向周围扩展蔓延。菟丝子多在 7 月至 9 月开花。自开花到结实约需 20 余天。同一株菟丝子各部位开花、结实时间不一致，茎的下部先开花，向上逐渐延迟，延续时间较长。菟丝子产生大量种子，一窝菟丝子在一般情况下产生 3 000～5 000 粒种子，多的达 10 000～16 000 粒。种子成熟后有的当即落入土壤，有的则延迟到次年春季脱落。菟丝子以种子繁殖为主，但断茎再生能力强，可行营养繁殖。

菟丝子主要以种子随气流、水流、农机具、鸟兽、人类活动等广泛传播，也可混杂在农作物种子、粮食、饲草、农产品间远距离传播。菟丝子茎蔓片段也能随寄主植物传播。

【防治方法】

1. 实行检疫　菟丝子属为我国进境植物检疫性有害生物，需依法检疫，防止随植物种子、粮食、饲料或农产品传入。

2. 栽培防治　轮作或间作禾本科作物；秋冬深翻土地，将菟丝子种子压埋于土层深处；清选种子，不使用夹杂菟丝子种子的向日葵种子；在菟丝子缠绕寄主前，或在现蕾开花前人工铲除、剪除或拔除，菟丝子残体携出田外烧毁。

3. 药剂防治　在菟丝子出苗后缠绕寄主前，喷施 48%地乐胺乳油 600～800 倍液，要注意防止药害。

4. 生物防治　在菟丝子幼苗高峰期，喷施鲁保 1 号制剂（菟丝子炭疽病菌生防制剂），每 667 米^2 用量 1.5～2.5 千克。在雨后、傍晚或阴天喷药，喷药前先打断菟丝子的茎蔓，造成伤口，菟丝子更易罹病死亡。

第三章　重要害虫

一、向日葵螟

向日葵螟简称葵螟，是世界各向日葵栽培区的重要害虫，有欧洲向日葵螟和美洲向日葵螟两种，国内发生的是欧洲向日葵螟，主要分布在黑龙江、吉林、内蒙古和新疆等向日葵主产区。葵螟蛀食花盘和籽粒，花盘被害率一般为20%～50%，严重的高达100%；籽粒被害率轻者10%以下，重者80%以上。

【危害特点】 幼虫蛀食花盘和籽粒(彩照113)。初孵幼虫啃食筒状花，2至3龄后蛀食籽粒(瘦果)和种仁，可将种仁部分或全部吃掉，遗留空壳(彩照114)。在花盘内蛀成很多隧道，碎屑和粪便填充其中，并在花盘上吐丝结网，粘连虫粪和碎屑，状如丝毡，受害花盘易腐烂发霉(彩照115)。一个花盘通常有幼虫1～5头，最多有131头。一头幼虫可蛀食7～12粒种子。

【形态特征】 向日葵螟属于鳞翅目，螟蛾科，学名 *Homoeosoma nebulella* Denis et Schiffermuller。有成虫、卵、幼虫和蛹等4个虫期(图12)。

1. 成虫　体长8～12毫米，翅展20～27毫米，复眼黑褐色，触角灰褐色，丝状，基节长而粗，比其余各节长3～4倍。前翅长形，灰褐色，有2对明显黑斑；后翅浅灰褐色，具有暗色脉纹和缘毛。成虫静止时，前后翅紧贴躯体两侧。

2. 卵　长度0.8毫米，宽度0.4毫米，乳白色，椭圆形。卵壳有光泽，具不规则的浅网状纹，有的卵粒在一端还有一立起的褐色

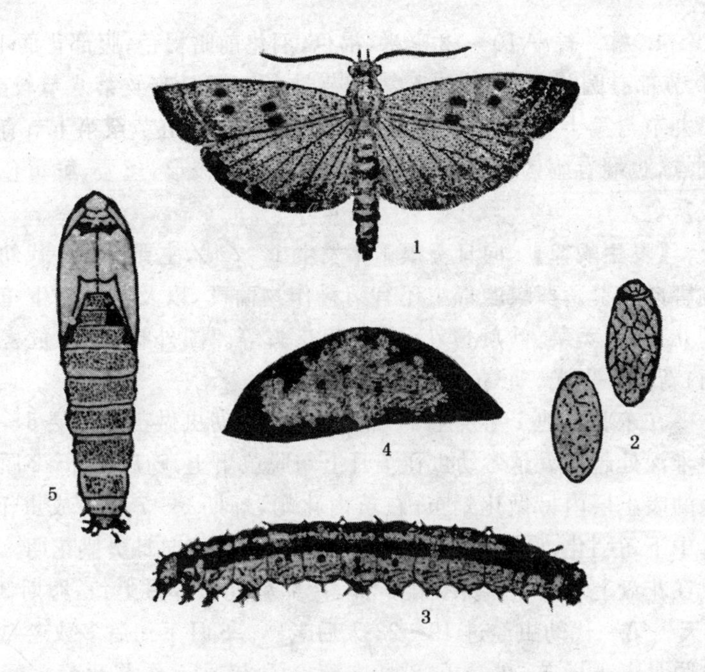

图 12　向日葵螟形态示意图

1. 成虫　2. 卵　3. 幼虫　4. 茧　5. 蛹

(仿自华南农学院主编农业昆虫学)

胶膜圈。

3. 幼虫和茧　老熟幼虫体长 10 毫米,淡黄灰色,腹面浅黄绿色,背面有 3 条暗色或淡棕色纵带。头部黄褐色,前胸盾板淡黄色,气门黑色,腹足趾钩为双序整环式(彩照 116)。

幼虫老熟后入土做茧。茧梭形、椭圆形,丝质,长 12～17 毫米。有越冬茧和化蛹茧两种。前者茧皮分两层,外层灰色,黏附土粒,内层鲜黄色,丝质膜状。茧内有 1 头越冬幼虫。越冬后幼虫从越冬茧脱出,再吐丝做化蛹茧。化蛹茧有一层浅灰色丝质茧皮,幼虫在其中化蛹。

4. 蛹 长度10～12毫米,褐色,羽化前暗褐色,腹部背面1～10节都有圆刻点,以第二至第七节最多。第一节及第八节较少,第九节与第十节只有3～5个刻点,在腹面仅第五节至第十节有圆刻点,腹端有刺钩8根。茧长12～17毫米,梭形,丝质,鲜黄色或浅灰色。

【发生规律】 向日葵螟1年发生1～2代,主要以第一代幼虫危害向日葵。葵螟的寄主还有菊科作物茼蒿,以及菊科野生植物刺儿菜、苣荬菜、沙旋覆花、多头麻花头等。国外报道,还危害翼蓟、新疆千里光、菊蒿、滨菊等。

在东北各地1年发生1～2代,以老熟幼虫做茧在土层5～15厘米深处越冬。越冬幼虫在7月上旬脱茧出土,随后在1～2厘米深的表土层内另做化蛹茧,在茧内化蛹,蛹期6～7天。成虫于7月中下旬羽化,盛期在7月末至8月上旬,时值向日葵盛花期。成虫在花盘上取食花蜜并交配产卵,产卵盛期在8月上旬,卵期3～5天。第一代幼虫经过19～22天后老熟。8月下旬后多数老熟幼虫脱盘入土做茧,少数在8月末至9月初入土作茧化蛹。蛹经12～16天即羽化为成虫。由越冬代成虫产卵到第一代成虫出现历时36天左右。在少数开花晚的葵盘上和分枝上,可见第二代卵和幼虫,但不能越冬而死亡。

在内蒙古巴彦淖尔地区,1年发生2代。越冬幼虫4月下旬开始化蛹,5月中旬开始羽化,发蛾高峰期为6月下旬至7月上旬。早期羽化的成虫因缺乏开花寄主而无法产卵。第一代幼虫先危害茼蒿和菊科杂草,7月中下旬转移危害开花的向日葵,随后羽化产卵。第二代幼虫自8月中旬起危害晚开花的向日葵,9月中旬老熟后陆续潜入15～20厘米深的土层中做茧越冬,至10月上旬仍有部分幼虫未老熟,残留在花盘中,收获后随花盘转移,在籽粒中或储运、收购加工场所遗留的废料杂质中越冬。

向日葵成虫有趋光性,受惊后可短距离飞翔。白天潜伏杂草丛中，傍晚19时左右开始活动，20～21时活动量最大，在向日葵花盘上取食花蜜和产卵。卵多散产在花盘的开花区内，以花药圈内壁、花柱和花冠内壁着卵最多。产卵量随向日葵开花时间的延长而降低，开花后第一天产卵量占总产卵量的65%，前2天产卵量占总产卵量的82%。

幼虫有4个龄期。低龄幼虫取食筒状花，少数也开始蛀食籽粒，多在三龄后蛀食籽粒，四龄为暴食期。幼虫老熟后入土，在土块缝隙内吐丝做茧，越冬茧入土较深，化蛹茧较浅。

土壤含水量低于20%，不利于化蛹和成虫羽化。土壤含水量高，有利于葵螟越冬。成虫发生盛期降雨不利于产卵。

向日葵播期对葵螟危害有明显影响。在内蒙古巴盟，5月下旬以前播种的向日葵受害最重，6月上旬后播种的次之，5月下旬至6月初播种的受害最轻。

【防治方法】 应采取以抗病品种、栽培防治、物理防治和生物防治为重点的综合措施减轻危害，尽量少用或不用农药。

1. 选育和栽培抗虫品种 果壳硬化快，黑色素含量高的品种较抗虫。一般黑皮品种比花皮品种和白皮品种受害轻，小粒品种比大粒品种受害轻，杂交种比常规品种受害轻，小粒黑色油用品种较大粒食用品种受害轻。

2. 栽培防治 收获后进行秋深翻，翻地宜用大型机械，将越冬茧翻压入25厘米以下，春季在幼虫出土前整地镇压；不浇秋水，降低土壤含水量，促进葵螟越冬死亡；秋季和春季清洁葵花储运、收购和加工场所，及时碾压、粉碎、焚烧销毁废料；适期晚播，使向日葵花期与葵螟成虫产卵期错开，在内蒙古巴盟杂交向日葵应在5月26日至6月5日间播种；清除田间菊科杂草，减少葵螟早期食料；在向日葵田田埂地头分2～3个播种期种植茼蒿等诱虫植物，诱集葵螟成虫和幼虫，施药杀灭。

3. 物理防治 设置光控频振式杀虫灯诱杀成虫，每间隔120

米安装一盏灯，一盏灯有效控制 3.3～4 公顷，从成虫羽化始期开始开灯诱蛾。

4. 生物防治

（1）释放赤眼蜂　大面积连片释放赤眼蜂，使之寄生葵螟的卵，减少幼虫危害。放蜂前要检查蜂的发育进度，掌握在蜂蛹后期，个别出蜂时释放，将蜂卡或蜂袋用大头针别在靠近花盘的叶片背面主脉上即可。需在葵螟产卵期放蜂，放蜂量和次数根据卵量确定，一般每 667 $米^2$ 设置 4～5 个放蜂点，释放 1～2 万头蜂，放蜂 2 次。若根据开花进度确定放蜂时期，一般在盛花期以后放蜂，也可在向日葵开花量达到 10%、40%、60%和 85%时分别放一次蜂，共 4 次。亦可根据性引诱剂诱蛾量确定放蜂始期，当诱蛾量出现高峰值时开始第一次放蜂，3～4 天后再放一次。

（2）性诱剂诱杀　每公顷悬挂 30 枚向日葵螟性诱剂诱芯，诱杀向日葵螟雄虫。诱捕器采用口径 20 厘米以上的塑料盆，将 1 枚性诱剂诱芯穿在一根细铁丝上，细铁丝横穿盆上，将诱芯置于盆中央。用三个木棍做成三角支架，盆放置在支架上，盆内加水，水面距诱芯 2～3 厘米，水中加少许洗衣粉，每隔 3 天加水一次，诱芯每 40 天更换一次。诱捕器应设在通风遮阴地势较高处。

（3）喷施生物杀虫剂　向日葵开花初期喷洒苏云金杆菌可湿性粉剂（8 000IU/毫克），每 667 $米^2$ 用药 100～200 克。

5. 药剂防治

（1）防治成虫　在成虫盛发期用烟雾法施药 1～2 次。选择无风或微风天，于 20～21 时在上风头用烟雾机施药，常用 20%氰戊菊酯乳油或 2.5%溴氰菊酯乳油，每 667 $米^2$ 用药 20 毫升。另外，还可在成虫盛发期喷施 40%毒死蜱乳油 800～1 000 倍液，宜于 20～21 时喷药；在成虫产卵盛期喷布 90%晶体敌百虫 1 000 倍液，每个花盘上喷药液 50 毫升（每 667 $米^2$ 喷 50 升）。

（2）防治幼虫　需在幼虫尚未蛀入籽粒前防治。可在成虫产卵高峰期喷施90%晶体敌百虫800～1 000倍液，也有人喷施氰戊菊酯、溴氰菊酯、高效氯氰菊酯等菊酯类杀虫剂。

菊酯类杀虫剂对蜜蜂毒性高，施药前需通知养蜂户管理好蜜蜂，避免中毒。应选择使用对蜜蜂等传粉昆虫无害的农药，以免因授粉不良造成减产。

向日葵植株高大，施药不便，成本较高，且可能污染向日葵产品，应尽量减少用药或不用药。

二、桃蛀螟

桃蛀螟又名桃斑蛀螟、桃蛀野螟，俗称桃蛀心虫，分布于南北各地。桃蛀螟幼虫为多食性钻蛀害虫，寄主种类很多，主要危害桃、李、杏、樱桃、梅等果树，也严重危害向日葵、玉米、高粱、蓖麻、姜等农作物。在黄河、淮河和长江流域，桃蛀螟是向日葵的重要害虫之一。

【危害特点】 幼虫钻蛀危害，初孵幼虫蛀入向日葵籽粒(瘦果)内取食种仁，用残渣和粪便封口，吃空后可转粒危害。长大后在花盘中穿行，形成许多虫道，很少钻蛀茎秆。受害花盘易生细菌性或真菌性腐烂病。有人比较了同批播种的向日葵、玉米、高粱的受害情况，结果向日葵的百株虫量最大，被害率最高。

【形态特征】 桃蛀螟(图13)属鳞翅目螟蛾科，学名 *Dichocrocis punctiferalis* Guenee。

1. 成虫 成虫鲜黄色，体长11～13毫米，翅展22～26毫米。身躯背面和翅上都有黑色斑点，前翅上有25～26个，后翅有14个或15个。腹部第一节、第三至第六节背面各有3个黑斑，第七节仅有1个黑斑(彩照117)。雌蛾腹部较粗，雄蛾腹部较细，末端有黑色毛丛。

2. 卵 椭圆形，长0.6毫米，宽0.4毫米，表面粗糙，有细微圆点，初产时乳白色，孵化前桃红色。

3. 幼虫 体长18～25毫米，头部黑色，前胸盾深褐色，胸腹部颜色多变，有紫红色、淡灰色、灰褐色等。中、后胸和腹部1～8节各有黑褐色毛片8个，排成2排，前排6个，后排2个(彩照118)。

4. 蛹 长13～15毫米，黄褐色或红褐色，腹末稍尖，腹部5～7节背面前缘各有一列小齿，腹部末端有臀刺一丛。蛹体外包被灰白色丝质薄茧。

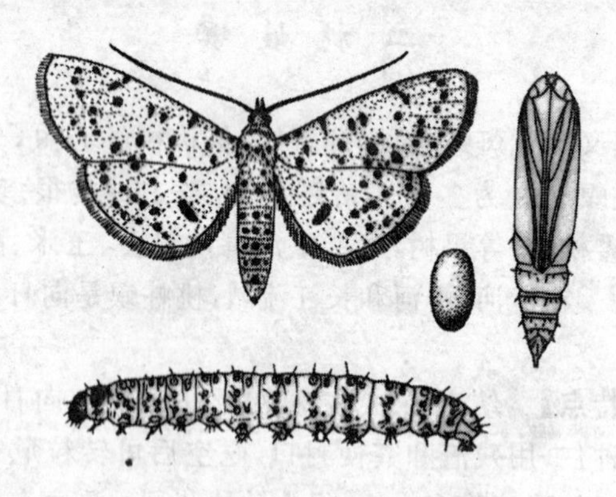

图13 桃蛀螟的成虫、卵、幼虫和蛹

【发生规律】 桃蛀螟在北方1年发生2～3代，长江流域4～5代，田间有世代重叠现象。末代老熟幼虫在树皮缝隙、树洞、向日葵花盘、高粱穗、玉米残秆、仓库缝隙等处越冬。在华北地区，越冬代幼虫4月中旬开始化蛹，5月上中旬至6月上中旬成虫羽化。第一代幼虫在5月下旬至7月中旬发生，主要危害桃、李、杏的果实，第二代幼虫7月中旬至8月中下旬发生，危害向日葵花盘、春高粱穗部、玉米茎秆等，第三代幼虫8月中下旬发生，严重危害夏高粱。在河南等地还发生第四代幼虫，危害晚播夏高粱和晚熟向日葵。10月中下旬老熟幼虫进入越冬。在南方主要以第三代幼虫危害向日葵。在不种植果树的地方,常年危害向日葵、玉米、高粱等农作物。

桃蛀螟成虫昼伏夜出,有趋光性和趋糖蜜性,补充营养后方能产卵。卵散产在寄主的花、穗或果实上。向日葵在现蕾期、花期、籽粒成熟期都可吸引成虫产卵,成虫多将卵产在苞片、蜜腺环、萼片尖端和管状花内壁等部位。幼虫蛀食籽粒和花盘,老熟后就近结茧化蛹。桃蛀螟喜湿润,多雨高湿年份分生重,少雨干旱年份发生轻。

【防治方法】 防治桃蛀螟应兼及各种寄主,统筹安排,避免单打一。

1. 栽培防治 清除潜藏越冬幼虫的向日葵花盘,玉米秆、高粱穗、蓖麻残株等,将脱粒后的葵盘粉碎后做饲料,刮除桃树等果树树体的老翘皮,堵树洞,消灭仓库缝隙处潜藏的越冬幼虫;在桃园设置黑光灯或利用糖醋液诱杀成虫,搞好果园的防治工作。

2. 药剂防治 防治桃蛀螟的有效药剂有 40%乐果乳油 1 200～1 500 倍液,50%杀螟硫磷乳油 1 000～2 000 倍液,2.5%溴氰菊酯乳油 3 000 倍液,20%甲氰菊酯(灭扫利)乳油 2 000～3 000 倍液等。高粱对杀螟硫磷敏感,需慎用。

三、草地螟

草地螟是发生于北温带农牧区的暴发性和迁飞性害虫,其食性很杂,可食害 35 科 200 多种植物,其中包括向日葵等重要农作物。草地螟可将作物叶片吃光,造成毁灭性的灾害。在华北、东北和西北农牧业过渡带,是危害向日葵的主要害虫之一,成灾频率高。大发生年份减产 50%以上,严重的甚至绝收。

【危害特点】 幼虫最喜食甜菜、大豆、向日葵、马铃薯和亚麻等作物,也危害麦类、玉米、高粱、牧草、树木等。幼虫食害向日葵叶片，大发生时一株向日葵有幼虫 300～500 头，最多的达千头以上。初孵幼虫取食叶肉，残留表皮，三龄后进入暴食期，将叶片吃成缺刻状，网状或仅留叶脉。还可将葵盘咬掉，以致颗粒无收。

【形态特征】 草地螟属鳞翅目螟蛾科，学名 *Loxostege sticticalis* L.。

1. 成虫 暗褐色蛾子，体长 10～12 毫米，翅展 20～26 毫米。头黑色，额锥形，复眼黑色，触角丝状。前翅颜色较深，具褐色斑纹，外缘有黄白色圆点连成的波纹，近中室端部有一黄白色近方形斑。后翅灰色，基部色较淡，外缘内侧有两条平行的黑色云状波纹。静止时两前翅叠成三角形(图 14，彩照 119)。

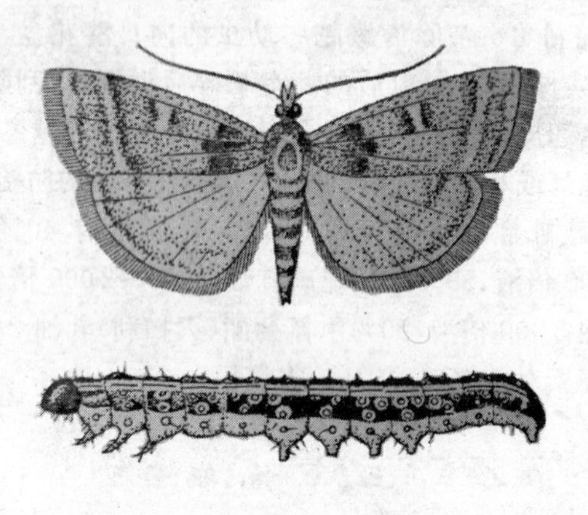

图 14 草地螟成虫(上)和幼虫(下)

2. 卵 椭圆形、长径 0.6～0.8 毫米，短径 0.4～0.6 毫米，初产时乳白色，具珍珠光泽，后变橙黄色，孵化前暗灰色。卵散产或 2～12 粒组成覆瓦状卵块。

3. 幼虫 黄绿色、深绿色或墨绿色，体长 15～24 毫米。头黑色，有光泽，三龄后有明显白斑。前胸背板黑色，有 3 条黄色纵纹。胸、腹部黄绿色或灰绿色。背线黑色，两侧各有 1 条淡黄色条纹。

气门线两侧有 2 条黄绿色条纹。体节有毛片及刚毛(图 14,彩照 120)。臀板黑褐色,生刚毛 8 根。腹足黄绿色,趾钩三序,缺环。

4. 蛹 长 9～11 毫米,宽 2～2.7 毫米,米黄色,羽化前栗黄色。腹末具棘突 2 个,每个棘突上有臀棘 4 枚。茧长筒形,土灰色,长 28～45 毫米,宽 3～4 毫米,由白色细丝筑成,表面黏附细砂或土粒。茧口在上,由丝质薄膜覆盖。

【发生规律】 在我国北方,1 年发生 1～4 代,多数地区 2～3 代,以老熟幼虫在土层内吐丝作茧越冬,翌年春季相继化蛹和羽化。

在华北北部,越冬代成虫多在 5 月中下旬出现,6 月上中旬盛发。第一代幼虫发生于 6 月中旬至 7 月中下旬,幼虫期 20 天左右,6 月下旬至 7 月上旬是严重危害时期。7 月中旬至 8 月份第一代成虫盛发,第二代幼虫于 8 月上旬至 9 月下旬发生,幼虫期 17～25 天,此后陆续入土越冬。

在宁夏越冬成虫一般于 5 月中旬发生,5 月下旬至 6 月上中旬为盛发期,6 月上旬至 7 月中旬为产卵期。第一代幼虫于 6 月中旬至 7 月下旬发生,危害盛期在 6 月下旬至 7 月中旬。7 月中下旬出现第二代幼虫,8 月上中旬为危害盛期。

草地螟群体数量常有剧烈变动,可出现蛾量突增或突减现象。在我国北方,草地螟大发生年份的虫源多来自北纬 38°～43°,东经 108°～118°的高海拔地区,包括内蒙古的乌兰察布市、山西北部和河北省北部等地。还有研究表明,华北地区越冬代成虫可能随西南气流迁飞至我国东北地区,在当地繁殖一代后,成虫可再回迁至华北地区。

吉林省白城市是向日葵重要栽培区,该地草地螟越冬量少,依赖外地虫源迁入,主要发生第一代幼虫,个别年份有二代发生。一般年份成虫在 5 月末和 6 月初迁入,若湿度适宜,成虫大量产卵,6 月中下旬是幼虫危害盛期。

草地螟成虫白天潜伏，夜间活动，群集，趋光性强。成虫取食花蜜，多在灰菜、猪毛草等叶片肥厚柔嫩的阔叶杂草或作物的叶背产卵，卵单产或聚产成覆瓦状卵块，距地面2～8厘米高的叶片上产卵最多。草地螟成虫有远距离迁飞习性，遇到适宜条件，黄昏后可自主起飞，起飞的适宜温度为20℃左右。起飞后能上升到400米的高度，随气流迁移到200～300千米以远的地方。

幼虫有5龄，发育快，食性很杂，有暴食性、吐丝结网习性和迁移性。一至三龄虫幼虫群栖，三龄后食量大增。三龄幼虫多3～4头结一个网，四龄末和五龄幼虫则常单独结网，分散取食。老熟后入土4～9厘米，结茧化蛹。幼虫活泼，遇到惊扰后即扭动逃离，大发生时可成群迁移，短期内即可对作物造成毁灭性危害。

【防治方法】 草地螟危害多种农林植物，防治不局限于向日葵田，需各种作物统筹安排，实施统防统治，联防联治。要加强虫情监测，采取栽培措施与药剂防治相结合的方法，把草地螟消灭在暴食期之前，杜绝迁移危害。

1. 栽培防治 要合理耕作，采取秋耕、耙磨、冬灌等措施消灭越冬虫源，治理荒地、草滩，破坏草地螟集中越冬场所；在越冬代成虫产卵期中耕除草，铲除作物地内、地边的杂草，特别要铲除藜科、蓼科喜食杂草，并深埋处理，消灭虫卵或低龄幼虫；采取深耕灭虫措施，在一代幼虫化蛹期和二代幼虫入土结茧后，大面积深耕灭蛹、灭虫。

2. 挖沟隔离 在未受害田或田间幼虫量未达到防治指标的地块周边，挖防虫沟隔离，阻止田外幼虫迁入，防虫沟深40厘米，宽20～30厘米，截面成梯形，沟中间树立一道高60厘米的塑料薄膜，纵向每隔10米用木棍加固。在沟内还可喷上粉剂农药。在发虫严重的农田、荒地、林地或草地周围设置药带或挖沟封锁，防止幼虫外迁危害，药带宽幅可以是4～5米、10～15米或不少于25米，因实际情况而定。

3. 灯光诱杀　在草地螟越冬代成虫重点发生区和常年外来虫源迁入区，安装普通黑光灯、高压汞灯、频振式杀虫灯等。在成虫发生和迁入高峰期，及时开灯诱杀成虫，以压低发生基数，降低田间落卵量。每盏高压汞灯控制面积达 2 公顷，在成虫高峰期可诱杀成虫 10 万头以上。

4. 药剂防治　应在幼虫三龄前，即卵孵化盛期后 10～12 天内喷药。该虫产卵隐蔽，低龄幼虫较难发现，需加强监测，准确掌握虫情动态。要查幼虫密度和分布，确定防治田块，查幼虫发育进度，确定防治适期，做到适期喷药。需选用高效、低毒、击到速度快的药剂，常喷施 4.5%高效氯氰菊酯乳油 1 500～2 500 倍液，2.5%三氟氯氰菊酯（功夫）乳油 3 000～4 000 倍液，2.5%溴氰菊酯乳油 2 000～3 000 倍液，5%顺式氰戊菊酯（来福灵）乳油 3 000～4 000 倍液，25%氰・辛（快杀灵）乳油 1 500 倍液，50%辛硫磷乳油 800～1 200 倍液，80%敌敌畏乳油 1 000～1 500 倍液，或 90%晶体敌百虫 1 000～1 500 倍液等。

四、花　蚤

花蚤是向日葵的一类新害虫，发生于吉林、河北、内蒙古、新疆等地，有继续扩散和加重危害的趋势，需严密监测。花蚤的幼虫蛀食向日葵茎秆，有虫株早衰或茎秆折倒，造成减产，还诱发腐烂病。在已发生地区，田间蛀茎率普遍较高，有的甚至达到 90%～100%，需要采取防治措施。

【危害特点】　幼虫钻入向日葵茎秆内，蛀食髓部，出现狭长的的虫道，内有花蚤幼虫以及大量碎屑和粪便（彩照 121），从茎秆横剖面可见多个孔洞（彩照 122）。在内蒙古巴盟，严重田蛀茎率达 100%，每株有虫 20～30 头，最多的 80 余头。有虫株的水分和营养物质输送受阻，叶片黄化，植株早衰，秕实率增加，千粒重下降。

花蚤蛀食的茎秆易折倒，给收割造成困难。花蚤食害造成多数伤口，诱发细菌性软腐病和真菌性腐烂病，使茎秆湿腐，髓部和皮层变黑(彩照 123,124)。

【形态特征】 花蚤属于鞘翅目，扁甲总科，花蚤科。花蚤是一类外形特异的甲虫，头部后方有细长的“颈部”，腹部末端尖锐，后足发达善跳跃。其成虫和幼虫的一般特征如下(图 15)。

1. 成虫 体小型，黑色，体表密布绢丝状微毛，长度短于 8 毫米，楔形，侧扁，背部隆起，头、尾均向下弯，翅长，腹部末端尖削，突出于鞘翅顶端之外。头下口式，较大，卵形，部分缩入前胸内，触角短，10～11 节，丝状，末端略粗或锯齿状，眼侧置，复眼具边缘，下唇须末节斧状。前胸背板较小，前面窄，侧缘弓形，具宽边，鞘翅端部圆形。腹板有 5～6 个可见腹板，缝明显，末节变成长刺状。后足发达，长，基节窝宽阔，胫节有大端距，跗节 4 节，爪锯齿状。

2. 幼虫 圆筒状，长度多不及 10 毫米，粗壮，淡黄色或白色，体节间缢缩明显(彩照 125)。头部色较深，下口式。有胸足 3 对，很小，似乳头状突起。腹部 9～10 节，具小的刺状尾突。

有几种花蚤危害向日葵，北疆发生的向日葵花蚤为 *Mordellistena parvuliformis* Stshegoleva-Barovskaya，该虫在俄罗斯和东欧也为重要害虫。吉林、河北等地发生的为一新种，即杨氏花蚤 *Mordellistena yangi* Fan，该虫成虫体长仅为 2～5 毫米，宽 1～1.5 毫米，全身深棕色至黑色，密覆金黄色绒毛。国外还报道了其他危害向日葵的种类。

【发生规律】 花蚤 1 年发生 1 代，以老龄幼虫在被害向日葵茎秆内越冬。在内蒙古巴盟于翌年 3 月下旬出蛰，继续取食茎秆髓部。大约在 5 月中旬，幼虫在茎秆的近表皮处开始化蛹，5 月下旬为化蛹盛期，5 月末化蛹结束。花蚤的蛹为黄褐色裸蛹，蛹期 10～15 天。5 月下旬成虫开始羽化，6 月 10 日左右达盛期，6 月下旬为羽化末期，成虫取食花粉。迁入向日葵田后，雌虫在向日葵叶

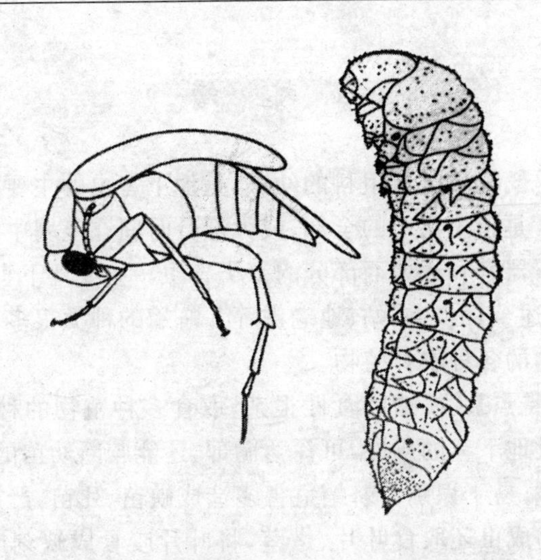

图 15　花蚤形态示意图　（仿袁锋等）

左:成虫　右:幼虫

柄和茎秆表皮下产卵，最喜在向日葵叶柄表皮下产卵。6 月中旬卵开始孵化，幼虫经叶柄向茎内蛀食，直达髓部。

【防治方法】

1. 栽培防治　收获后及时销毁发虫田向日葵秸秆，减少越冬虫口数量。

2. 药剂防治　在花蚤迁入向日葵田始期，喷施 50%乙酰甲胺磷乳油 1 000 倍液，每 7 天一次，共用 3～4 次，兼有杀成虫和杀卵作用。花蚤蛀茎后，用 50%乙酰甲胺磷乳油的 20 倍液涂布向日葵茎秆，间隔 10 天施药一次，共施药 3 次。第一次涂株在向日葵茎秆中下部 20 厘米的茎段内，以后每次上移 30 厘米。

乙酰甲胺磷是有机磷广谱杀虫剂，对害虫以触杀作用为主，兼有胃毒、内吸和一定熏蒸作用。施药后初效缓慢，后效作用强。有的向日葵品种较敏感，需注意防止药害。

五、蛴　螬

蛴螬是鞘翅目金龟甲科的幼虫，是地下害虫的主要类群之一。“地下害虫”是指生活史的全部，或大部分时间在土壤中度过，危害植物的地下器官和近地面部分的一类害虫。主要地下害虫除蛴螬外，还有后述金针虫、蝼蛄、地老虎等。蛴螬的种类很多，危害包括向日葵在内的各种农林植物。

【危害特点】 蛴螬的食性很杂，取食多种植物的种子，须根，营养根以及地下茎的皮层，可深达髓部，还能咬断幼苗的根、茎，断面整齐平截，易于识别。蛴螬危害多造成缺苗、死苗，严重时毁种。部分种类的成虫还取食叶片、嫩茎，将叶片咬食成缺刻或孔洞，严重的仅残留叶脉基部。

【种类与形态】 金龟甲类成虫身体坚硬肥厚，前翅为鞘翅，后翅膜质。其口器咀嚼式，触角 10 节左右，鳃叶状，末端叠成锤状，中胸有小盾片，前足开掘式。幼虫蛴螬型，体白色，柔软多皱，腹部末端向腹面弯曲，整体成“C”状。胸部由前胸、中胸和后胸构成，胸足 3 对 4 节。腹部 10 节，第九节和第十节总称为臀节（彩照 126）。臀节的腹面称为肛腹板，肛腹板生有钩状刚毛，刺毛（列）和长细毛。钩状刚毛和刺毛（列）的特点常是鉴定种的重要特征。

常见蛴螬种类有鳃角金龟科的华北大黑鳃金龟、东北大黑鳃金龟、暗黑鳃金龟、棕色鳃金龟、黑皱鳃金龟，丽金龟科的铜绿丽金龟等多种。

1. 华北大黑鳃金龟 *Holotrichia oblita* **Fald.（图 16）**

（1）成虫　体长 17～21 毫米，宽 8～11 毫米，长椭圆形，黑褐色，有光泽。前翅表面微皱，肩凸明显，密布刻点，缝肋宽而隆起，两鞘翅共有 4 条纵肋。臀板后缘较直，顶端为直角。

（2）卵　椭圆形，后变球形，白色有光泽。

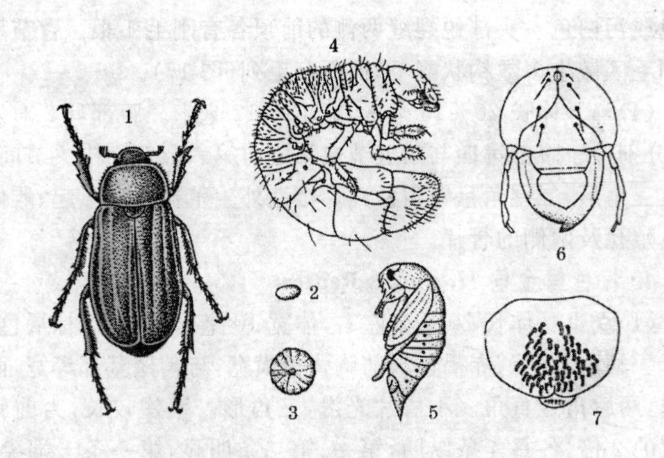

图 16　华北大黑鳃金龟　(仿张治良图)

1. 成虫　2. 初产卵　3. 孵化前的卵　4. 幼虫　5. 蛹

6. 幼虫头部前顶刚毛　7. 幼虫肛腹板刚毛区

(3)幼虫　体长 35～45 毫米，头黄褐色，体乳白色，多皱折，头部前顶刚毛每侧各 3 根，排成一列。肛腹板上的钩状刚毛群紧挨肛门孔裂缝区，两侧有明显的无毛裸区。

(4)蛹　长 21～24 毫米，初期白色后变红褐色。

2. 东北大黑鳃金龟　*H. diomphalia* Bates 与华北大黑鳃金龟形态相似的近缘种。成虫形态与华北大黑鳃金龟相似(彩照 127)。但臀板后缘较弯，呈弧形，顶端球形。蛴螬肛腹板上钩状刚毛群两侧无明显的无毛裸区。

3. 暗黑鳃金龟 *H. parallela* **Motschulsky**

(1)成虫　成虫体长 16～22 毫米，宽 7.8～11 毫米，长椭圆形，羽化初期红棕色，渐变红褐色，黑褐色或黑色，无光泽。前胸背板前缘有成列的褐色长毛，鞘翅的 4 条纵肋不明显(彩照 128)。

(2)卵　乳白色有绿色光泽，长 2.5 毫米。

(3)幼虫　幼虫体长 35～45 毫米，头及胸足黄褐色，胸腹部乳白色或污白色。头部蜕裂缝两侧的前顶各有刚毛 1 根。臀节肛腹板刚毛区散生多数钩状刚毛，而无刺毛列(图 17)。

(4)蛹　体长 20～25 毫米，宽 10～12 毫米。腹部具 2 对发音器，分别位于腹部第四与第五节或第五与第六节背面中央节间处。尾节三角形，二尾角呈锐角岔开。雄性外生殖器明显隆起，雌体可见生殖孔及两侧的骨片。

4. 棕色鳃金龟 *H. titanis* Reitter

(1)成虫　体长 20 毫米左右，体宽 10 毫米左右，体棕褐色，具光泽。触角 10 节，赤褐色。前胸背板横宽，与鞘翅基部等宽，两前角钝，两后角近直角。小盾片光滑，三角形。鞘翅较长，为前胸背板宽的 2 倍，各具 4 条纵肋，第一、第二条明显，第一条末端尖细，会合缝肋明显，足棕褐色有光泽(彩照 129)。

(2)卵　初产时乳白色，椭圆形，长 3.0～3.6 毫米，宽 2.1～2.4 毫米。此后缓慢膨大，半透明。孵化前大小为 6 毫米×5 毫米，卵壁薄而软，可见到幼虫在内蠕动。

(3)幼虫　体长 45～55 毫米，乳白色。头部前顶刚毛每侧 1～2 根，绝大多数仅 1 根。肛腹板上的钩状刚毛群的中央有两列平行的毛列，每个毛列有 18～22 根毛(图 18)。

(4)蛹　黄色，长 21～24 毫米。羽化前头壳、足、鞘翅变为棕色并逐渐加深。蛹室卵圆形，长 35 毫米，宽 20 毫米。

5. 黑皱鳃金龟 *Trematodes tenebrioides* Pallas

(1)成虫　长 15～16 毫米，宽 6.0～7.5 毫米，黑色无光泽，刻点粗大而密，鞘翅无纵肋。头部黑色，触角 10 节，黑褐色。前胸背板横宽，前缘较直，前胸背板中央具中纵线。小盾片横三角形，顶端变钝，中央具明显的光滑纵隆线，两侧基部有少数刻点。鞘翅卵圆形，具大而密排列不规则的圆刻点，基部明显窄于前胸背板，除会合缝处具纵肋外无明显纵肋。后翅退化仅留痕迹，略呈三角形(彩照 130)。

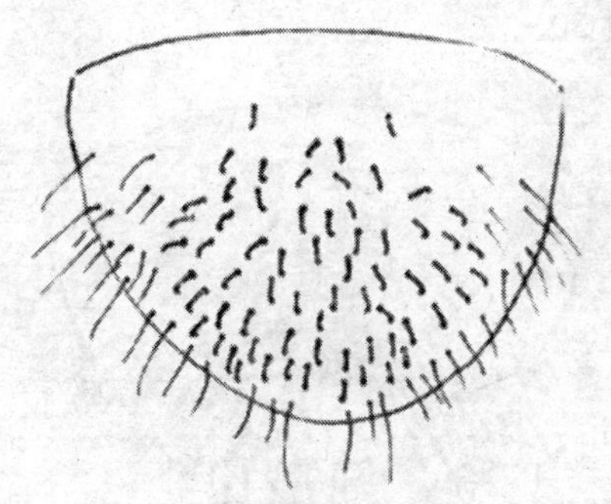

图 17　暗黑鳃金龟幼虫肛腹板刚毛区

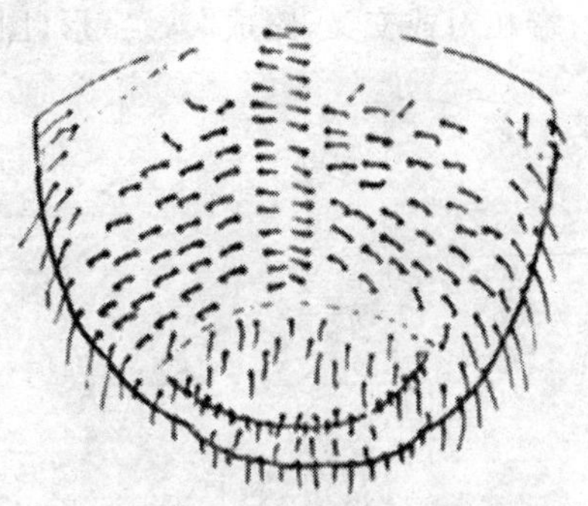

图 18　棕色鳃金龟幼虫肛腹板刚毛区

(2)卵　白色透明，略带黄绿或淡绿光泽，圆形或圆柱形，尺度为 2.2～3 毫米×1.4～2 毫米。

(3)幼虫　体长 24～32 毫米。头部前顶刚毛每侧各 3～4 根，成一纵列。肛腹板后部的钩状刚毛群与肛门孔侧裂缝之间有比较宽的无毛裸区。

(4)蛹　化蛹当日乳白色发亮，次日变为淡黄色，以后颜色逐渐加深成黄褐色，羽化前变为红褐色。

6. 铜绿丽金龟 *Anomala corpulenta* **Motschulsky**

(1)成虫　体长 19～21 毫米，体宽 8.3～12 毫米，体表铜绿色，有金属光泽。前胸背板两侧淡黄色，鞘翅密布小刻点，背面有两条纵肋，边缘有膜质饰边，鞘翅肩部有疣突。臀板三角形，黄褐色，基部有 1 个倒三角形大黑斑，两侧各一个椭圆形小黑斑(彩照 131)。

(2)卵　椭圆形，长 1.8 毫米，白色，椭圆形，表面光滑。

(3)幼虫　老熟时体长 30～33 毫米，头黄褐色，腹部乳白色。肛腹板有两列长针状刚毛组成的刺毛列，每列 15～18 根，刺毛尖端相对或交叉，略成“八”字形(图 20)。

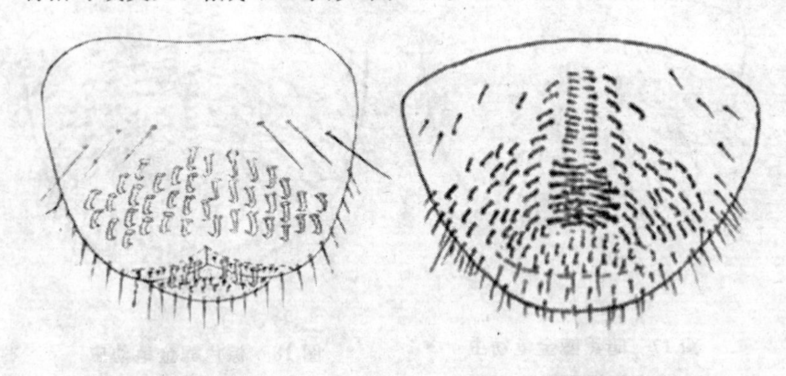

图 19　黑皱鳃金龟幼虫肛腹板刚毛区　　**图 20　铜绿丽金龟幼虫肛腹板刚毛区**

(4)蛹　体长 18～22 毫米，长椭圆稍弯曲，初黄白色，后黄褐色。

【发生规律】　蛴螬类的生活史因种类和地区不同而有很大差异，现概述如下。

1. 华北大黑鳃金龟　华北大黑鳃金龟多数两年 1 代，少部分个体一年 1 代，以成虫或幼虫在 80～100 厘米深的土层中越冬。以成虫越冬时，当春季 10 厘米土层地温上升到 14℃～15℃时开始出土，5 月中下旬开始产卵，6 月上旬至 7 月上旬为产卵盛期，6 月上中旬开始孵化，盛期在 6 月下旬至 8 月中旬，孵化的幼虫在土壤中危害。在 10 厘米土层地温低于 10℃以后，向土层深处移动，低于 5℃以后，全部进入越冬。以幼虫越冬的，翌年春季越冬幼虫开始活动危害，6 月初开始在土壤中化蛹，7 月初开始羽化，7 月下旬至 8 月中旬为羽化盛期，羽化后的成虫当年不出土，在土中潜伏越冬。

华北大黑鳃金龟以成、幼虫交替越冬。若以幼虫越冬，翌年春季危害重；若以成虫越冬，次年夏、秋季危害重。成虫昼伏夜出，白天潜伏于土层中和作物根际，傍晚开始出土活动。尤以 20～23 时活动最盛，午夜后相继入土。成虫具趋光性，对黑光灯趋性强。对厩肥和腐烂的有机物也有趋性。

2. 东北大黑鳃金龟　在北方地区两年完成 1 代，以成虫和幼虫在土层中越冬。越冬成虫 4 月间开始出土，交尾期长达 2 个月，交尾后 4～5 天产卵。卵产于 5～12 厘米深的耕层土壤中，卵期 10～15 天。幼虫持续危害到 10 月份，以后越冬。越冬幼虫翌年春季出土，危害小麦和春播作物，可持续至 6 月份。老熟幼虫入土 15 厘米左右化蛹，化蛹盛期在 5～6 月间。幼虫多发生于低湿地块和水浇地。

3. 暗黑鳃金龟　一年发生 1 代，多以三龄老熟幼虫越冬，少数以成虫越冬。在地下潜伏深度为 15～40 厘米，20～40 厘米深处最多。以成虫越冬的，翌年 5 月份出土，持续发生到 9 月份。以幼虫越冬的，一般春季不危害作物，4 月下旬至 5 月初化蛹，化蛹盛期在 5 月中旬，6 月初至 8 月中下旬为成虫发生期。成虫 7 月初开始产卵，直至 8 月中旬，7 月中旬卵开始孵化，下旬为孵化盛期，8 月中下旬为幼虫危害盛期。幼虫食性杂，三龄幼虫食量大。11 月份幼虫下潜越冬。

成虫食性杂，有群集习性，趋光性强。多昼伏夜出，傍晚出土，喜飞翔在高秆作物和灌木上，交尾后即飞往杨、柳、榆、桑等树上，取食中部叶片。成虫有假死性，遇惊落地，3～4 分钟后恢复活动。雌虫产卵前期 14～26 天，产卵量 23～80 粒，最多 300 余粒。食物不同，成虫生殖力有明显差异。成虫在土壤中产卵，以 5～20 厘米深处最多。幼虫食性杂，可转移危害。

4. 棕色鳃金龟　在陕西 2～3 年完成 1 代，以二龄、三龄幼虫或成虫越冬。在渭北塬区，越冬成虫于 4 月上旬开始出土活动，4 月中旬为成虫发生盛期，延续到 5 月上旬。4 月下旬开始产卵，卵期平均 29.4 天，6 月上旬卵开始孵化，7 月中旬至 8 月下旬幼虫发育到二至三龄，10 月下旬下潜到 35～97 厘米深的土层中越冬，50 厘米以下越冬虫量大。翌年 4 月越冬幼虫上升到耕层，危害小麦等作物地下部分，7 月中旬幼虫老熟，下潜深土层做土室化蛹。8 月中旬成虫羽化，但当年不出土，直接越冬。第三年春季越冬成虫出土活动。

棕色鳃金龟成虫基本不取食，于傍晚活动，多于 19 时以后出土，出土后在低空飞翔，20 时后逐渐入土潜藏。成虫在地表觅偶交配，雌虫交配后约经 20 天产卵，卵产于 15～20 厘米深土层内，单产。土壤含水量 15%～20%，最适于卵和幼虫的存活。幼虫危害期长，食量大。

5. 黑皱鳃金龟 在陕西两年完成 1 代，以成虫、三龄幼虫和少数二龄幼虫越冬。越冬成虫于 3 月下旬气温上升到 10.4℃时零星出土，4 月上中旬气温升到 14℃时大量出土，发生期约 50 天。4 月下旬开始产卵，卵于 5 月下旬开始孵化，6 月下旬达孵化盛期。大部分幼虫于 8 月份发育为三龄，秋季危害到 11 月下旬，以后下潜越冬。翌年 3 月上旬当 10 厘米地温上升到 7℃以上时开始活动，地温 11℃时，绝大部分幼虫上升到地表危害。6 月上旬开始化蛹，6 月下旬开始羽化。成虫当年出土活动，温度降低后进入越冬。

黑皱鳃金龟成虫白天活动，以 12～14 时活动最盛。成虫取食多种作物的叶片、嫩芽、嫩茎，可咬断玉米、棉花的茎基部，造成缺苗。幼虫危害作物地下部分，能将整株幼苗拉入土中。一头三龄幼虫一次可连续危害 5～8 株幼苗。

6. 铜绿丽金龟 在北方一年发生 1 代，少数以二龄幼虫，多数以三龄幼虫越冬。春季 10 厘米深处地温高于 6℃时，越冬幼虫开始向上活动，危害小麦和春播作物。5 月开始化蛹，5 月中下旬出现成虫。7 月上中旬是产卵期，7 月中旬至 9 月是幼虫危害期，10 月中下旬三龄幼虫开始向土壤深处迁移，至 12 月下旬多数在

51～75 厘米深处越冬。

每头雌虫产卵 50～60 粒，卵期 7～10 天。成虫有假死性，趋光性强，昼伏夜出，日落后开始出土，先行交配，然后取食。成虫食性杂，食量大，常将叶片全部吃光，主要为害杨、柳、苹果、梨等多种林木、果树的叶片，是林果树的重要害虫。幼虫在土中可为害多种作物的种子和幼苗。

大多数种类的金龟甲成虫白天潜伏于土中或作物根际、杂草丛中，傍晚开始出土活动，前半夜活动最盛。成虫具假死性、趋光性和趋化性，粪便和腐烂的有机物有招引成虫产卵的作用。幼虫有 3 个龄期，全在土壤中度过，随土壤温度变化而上下迁移，其中以三龄幼虫历期最长，危害最重。

【防治方法】 防治蛴螬，需兼及多种作物，全面防治。以下方法系适用于多种作物的一般措施，并非为向日葵田专门设计的，应用时需因地制宜。

1. 栽培防治 深耕翻犁，通过机械杀伤，暴晒，鸟类啄食等消灭蛴螬；施用腐熟农家肥，最好在施肥前，向粪肥均匀喷洒 2.5% 敌百虫粉（粪与药的比例约 1 500：1），避免带入幼虫和卵，或吸引金龟甲成虫产卵；冬灌或春、夏季适时灌水可淹死蛴螬或改变土壤通气条件，迫使其上升到地表或下潜；发生严重的地块可因地制宜地改种棉花、芝麻、油菜等直根系非嗜好作物，或行水旱轮作，以降低虫口密度。

2. 捕杀、诱杀成虫 成虫具有假死性，在盛发期，可摇动植株，落地后扑杀；利用金龟子的趋光性，设置黑光灯诱杀；多种金龟甲喜食树木叶片，利用这种习性，可于成虫盛发期在田间插入药剂处理过的带叶树枝，来毒杀成虫，该法取 20～30 厘米长的榆树、杨树或刺槐的枝条，浸入敌百虫可溶性粉剂稀释药液中，或用药液均匀喷雾，使之带药，在傍晚插入田间诱杀成虫；利用性诱剂诱杀成虫。

3. 药剂防治

(1)种子处理　50%辛硫磷乳油或40%甲基异柳磷乳油,用种子重量0.1%～0.2%的药量,先用种子重量5%～10%的水将药剂稀释,稀释液用喷雾器匀喷洒于种子上,堆闷12～24小时,待种子将药液完全吸收后播种。也可用50%辛硫磷乳油100～165毫升,加水5～7.5千克,拌麦种50千克,堆闷后播种。用48%毒死蜱乳油10毫升加水1千克拌麦种10千克,堆闷3～5小时后播种。

(2)土壤处理　防治幼虫可用有机磷杀虫剂毒土或颗粒剂,有多种施用方式。可播前单独或与肥料混合均匀施于地面,然后随犁地翻入耕层中,可播种时施于播种沟内(不直接接触种子),也可在苗期撒施地面,再浅锄混入浅土。

90%敌百虫晶体1.4千克加少量水稀释后,喷拌100千克细土,制成毒土,将毒土撒于播种穴中或播种沟中,但应注意毒土不要接触种子。2.5%敌百虫粉剂2千克,拌细土20～25千克,撒施根部附近,结合中耕埋入浅层土壤。

50%辛硫磷乳油每667米^{2}用250毫升,对水1～2升,拌细土20～25千克制成毒土,耕翻时均匀撒于地面,随后翻入土中。3%辛硫磷颗粒剂每667米^{2}用4千克或5%辛硫磷颗粒剂用2千克,拌细土后在播种沟撒施。也可在苗期每667米^{2}用3%辛硫磷颗粒剂2～3千克,顺行间开小沟撒施入土,随即覆土。

3%甲基异柳磷颗粒剂,667米^{2}施用1.5～2千克,施于播种沟内。10%二嗪磷(地亚农)颗粒剂每667米^{2}用400～500克拌10千克毒土沟施。3%氯唑磷(米乐尔)颗粒剂每667米^{2}用药2～2.5千克,拌细土后均匀撒施植株根际附近。40.7%毒死蜱乳油150毫升,拌干细土15～20千克制成毒土施用。

(3)灌根、喷雾　在发生严重地块,可用80%敌百虫可溶性粉剂1 000倍液,50%辛硫磷乳油1 000～1 500倍液,或48%毒死蜱乳油 1 500 倍液灌根(也可喷粗雾),每 667 米^2 喷药液 40 千克。

防治成虫,在盛发期用 80%敌百虫可溶性粉剂 1 000 倍液或 50%辛硫磷乳油 1 000～1 500 倍液喷雾。

六、金针虫

金针虫为鞘翅目叩头甲科昆虫的幼虫,因虫体黄褐色,细长光滑而得名。金针虫是我国北方多种农林植物的重要地下害虫,也严重危害向日葵芽苗,需行防治。

【危害特点】 金针虫取食土壤中的农作物种子,啃食幼芽,咬断幼苗,蛀入地下茎,受害幼苗变黄枯死,严重时缺苗断垄,甚至全田毁种。

【种类与形态】 金针虫的成虫是叩头甲,为细长的褐色甲虫,略扁,末端尖削,前胸背板后缘两角常尖锐突出,密被黄色或灰色细毛,受压时前胸可作“叩头”的动作。幼虫即金针虫,金黄色、褐黄色,体细长,略扁,坚硬光滑。金针虫种类较多,我国分布广泛的常见种类有沟金针虫,细胸金针虫,褐纹金针虫等,其主要形态特征如下。

1. 沟金针虫 *Pleonomus canaliculatus* **(F.)**

(1)成虫　雌成虫体长 16～17 毫米,宽约 4.5 毫米,雄成虫体长 14～18 毫米,宽约 3.5 毫米。雌虫体扁平,栗褐色,密被金黄色细毛,触角 17 节,黑色,略呈锯齿形,长约为前胸的 2 倍,鞘翅长约为前胸的 4 倍,其上纵沟明显,后翅退化(彩照 132,图 21)。雄虫虫体细长,触角 12 节,丝状,长达鞘翅末端;鞘翅长约为前胸的 5 倍,其上纵沟较明显,有后翅(彩照 133,图 21)。

(2)卵　椭圆形,长约 0.7 毫米,宽约 0.6 毫米,乳白色。

(3)幼虫　老熟幼虫体长 20～30 毫米,宽约 4 毫米,体形宽而扁平,呈金黄色。体节宽度大于长度,从头至第九腹节渐宽,由胸

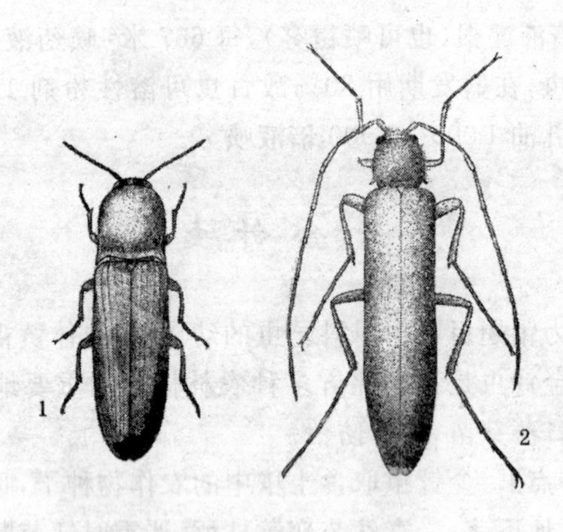

图 21　沟金针虫成虫

1. 雌虫　2. 雄虫

部至第十腹节背面中央有 1 条细纵沟。尾节背面有略近圆形之凹陷，并密布较粗点刻，两侧缘隆起，每侧具 3 对锯齿状突起。尾端分叉，并稍向上弯曲，叉的内侧有 1 小齿（彩照 134，图 22）。

（4）蛹　裸蛹，体长 15～17 毫米，宽 3.5～4.5 毫米，黄白色，长纺锤形。触角紧贴于体侧，雌蛹触角达后胸后缘，雄蛹触角长达腹部第七节。腹部末端瘦削，有 2 个角状突起，外弯，尖端有细刺。

2. 细胸金针虫 *Agriotes fuscicollis* Miwa

（1）成虫　体长 8～9 毫米，宽约 2.5 毫米，细长，背面扁平，被黄色细绒毛。头、胸部棕黑色，鞘翅，触角、足棕红色，光亮。触角着生于复眼前端，被额分开，触角细短，向后不达前胸后缘，其第一节粗而长，第二、第三节等长，均较短，自第四节起成锯齿状，末节圆锥形。前胸背板长度稍大于宽度，基部与鞘翅等宽，侧边很窄，中部之前，明显向下弯曲，直抵复眼下缘，后角尖锐，伸向斜后方，顶端多少上翘，表面拱凸，刻点深密。小盾片略似心脏形，覆毛极密。鞘翅狭长至端部稍缢尖，每翅具 9 行纵行深刻点沟（彩照

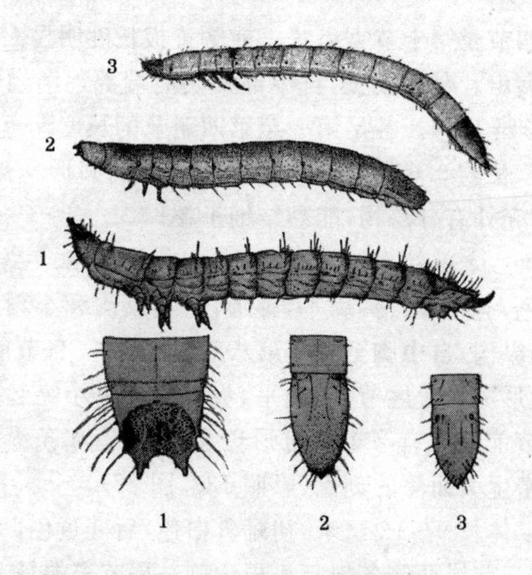

图 22　三种金针虫及其尾节

1. 沟金针虫　2. 褐纹金针虫　3. 细胸金针虫

135)。各足第一至第四跗节的节长渐短,爪单齿式。

(2)卵　长 0.5 毫米～1.0 毫米,圆形,乳白色,有光泽。

(3)幼虫　老熟幼虫体长 23 毫米,宽约 1.3 毫米,呈细长圆筒形,淡黄色有光泽。口部深褐色。腹部第一至第八节略等长。尾节圆锥形,尖端为红褐色小突起,背面近前缘两侧生有一个褐色圆斑,并有 4 条褐色纵纹(彩照 136,图 22)。

(4)蛹　体长 8～9 毫米,纺锤形。初蛹乳白色,后变黄色,羽化前复眼黑色,口器淡褐色,翅芽灰黑色,尾节末端有 1 对短锥状刺,向后呈钝角岔开。

3. 褐纹金针虫 *Melanotus caudex* **Lewis**

(1)成虫　体细长,长约 8～10 毫米,宽约 2.7 毫米,体黑褐色,生有灰色短毛。头部凸形,黑色,密生粗点刻,前胸黑色,但点刻较头部小,唇基分裂,触角、足暗褐色,触角第四节较第二、第三节稍长，第四节至第十节锯齿状。前胸背板长度明显大于宽度，后角尖，向后突出。鞘翅狭长，自中部开始向端部逐渐缢尖，每侧具9行点刻(彩照137)。各足第一至第四跗节的长度渐短，爪梳状。

(2)卵　长约0.6毫米，宽约0.4毫米，椭圆形。初产时乳白色略黄。卵壳外有分泌物，能黏结细土粒。

(3)幼虫　老熟幼虫体长25～30毫米，宽约1.7毫米，细长圆筒形，茶褐色，有光泽。头扁平，梯形，上具纵沟和小刻点，身体背面中央具细纵沟，自中胸至腹部第八节扁平而长，各节前缘两侧有深褐色新月形斑纹。尾节长，扁平，尖端具3个小突起，中间的突起尖锐，尾节前缘亦有2个新月形斑，靠前部有4条纵线，后半部有褐纹，并密生大而深的刻点(彩照138，图22)。

(4)蛹　体长9～12毫米，初蛹乳白色，后变黄色，羽化前棕黄色。前胸背板前缘两侧各斜竖1根尖刺。尾节末端具1根粗大的臀棘，着生有斜伸的两对小刺。

除了上述广泛分布的种类外，在新疆还发生条纹金针虫 *Agriotes lineatus*(L.)，农田金针虫 *A. sputator*(L.)，暗色金针虫 *A. obscurus*(L.)和宽背金针虫 *Selatosomus latus*(F.)等，也危害向日葵。

【发生规律】

1. 沟金针虫　完成一代需2～3年或更长时间，以成虫和幼虫在土壤中越冬，生活历期长，世代不整齐。以陕西关中为例，越冬成虫在2月下旬至3月上旬，10厘米深处地温达8℃上下时，开始上升活动，3月中旬至4月上旬活动最盛，4月中旬至6月初产卵，卵期35天，6月份幼虫全部孵出。幼虫危害至7月初，当10厘米深处地温达28℃上下时，钻入土壤深处越夏。9月下旬至10月上旬，当10厘米深处地温下降到18℃上下时，幼虫上升到土壤表层危害，11月下旬地温下降，幼虫下潜到土层深处越冬。下一年春季2～3月份，10厘米土层平均温度达6.7℃时，开始上升危害,3～4月份严重危害麦苗。地温高于24℃,幼虫向下潜伏,8月下旬至9月中旬在15～20厘米深的土层内,陆续筑土室化蛹。蛹期16～20天。9月中下旬成虫羽化,成虫当年不出土,在地下越冬。

成虫寿命约220天,不危害,白天潜伏在土块下或杂草中,傍晚活动交尾,有假死性,雄虫有趋光性。雌虫行动迟钝,不能飞翔,雄虫活跃,能作短距离飞翔。卵产在植物根附近3～7厘米深的表层土壤内,散产,每雌产卵200余粒,卵粒小,常粘有土粒,不易发现。幼虫危害春苗较重,秋苗受害较轻。沟金针虫危害小麦、玉米、高粱、谷子、豆类、薯类、向日葵、蔬菜等,但不喜食棉花、油菜、芝麻。幼虫不耐潮湿,土壤湿度15%～18%,10厘米土层地温10℃～18℃时,最适于活动危害。多发生在土质疏松,有机质较缺乏的旱地。

2. 细胸金针虫 在我国北方两年发生一代。第一年以幼虫,第二年以老熟幼虫、蛹或成虫在地下越冬。以陕西关中为例,越冬幼虫来年2月中旬开始上潜活动,3月上中旬大量活动,主要危害麦苗。6月以后随温度升高,而下移到土层深处。6月下旬至9月中旬化蛹,8月中旬为化蛹盛期。7月上旬开始羽化,8月下旬至9月上旬为羽化高峰。成虫羽化后即在原地潜伏越冬。越冬成虫于翌年3月中下旬开始出土,4月下旬开始产卵,卵散产在土层3～7厘米处,每雌可产卵100粒左右。4月底至5月上旬为产卵高峰。5月中旬卵开始孵化,5月下旬为高峰期。部分幼虫于冬小麦播种后,上移危害秋苗,直到11月下旬进入越冬。

细胸金针虫成虫寿命200天左右。成虫有弹跳能力,飞翔力差,夜间活动。成虫对糖、酒混合液有强烈的趋性,对枯枝烂叶以及麦秸等也有一定趋性,趋光性弱,有假死性。幼虫有11个龄期,历期475天。初孵幼虫活泼,受惊后不停翻卷或迅速爬行,有自相残杀习性。喜钻蛀植株和转株危害。春秋两季是危害盛期,幼虫较耐低温，春季危害早而秋季越冬迟，适生于潮湿黏重的土壤，水浇地发生较多。

3. 褐纹金针虫 一般三年完成一个世代。当年孵化的幼虫发育至三龄或四龄时越冬，第二年以五至七龄幼虫越冬，第三年六至七龄幼虫在7～8月间于20～30厘米深处化蛹。蛹期平均17天左右，成虫羽化后在土层内越冬。

成虫寿命250～300天。成虫活动适温20℃～27℃，适宜相对湿度63%～90%。成虫夜息日出，夜间潜入土层内，白天出土活动，下午活动最盛。成虫具假死性。卵多产在麦根附近10厘米土层内，卵散产。5～6月为产卵盛期，卵期16天左右。

幼虫春、秋两季危害。春季3月下旬，10厘米土层低温达5.8℃时，越冬幼虫上升活动，4月上中旬大部分幼虫食害春苗，6～8月大部分下移到20厘米土层以下，9～10月又在耕层危害秋苗，11月上旬10厘米土层平均低温下降到8℃后，下潜到40厘米土层越冬。

褐纹金针虫适生于土壤较湿润，有机质含量较多，较疏松的土壤环境。黏重、有机质少、干燥的土壤很少发生。

【防治方法】

1. 栽培防治 调整茬口，合理轮作，严重地块实行水旱轮作；要精耕细作，春、秋播前实行深翻，休闲地伏耕，以破坏金针虫的生境和杀伤虫体；要清洁田园，及时除草，减少金针虫早期食料；合理施肥，施用充分腐熟的粪肥，施入后要覆土，不能暴露在土表；适时灌水，淹死上移害虫或迫使其下潜，减轻危害；适当调整播期，减轻危害。

2. 人工诱杀 沟叩头甲雄虫有较强的趋光性，在成虫出土期开灯诱杀。堆草诱杀细胸金针虫，在田间设置10～15厘米厚的小草堆，每667米^2 20～50堆，在草堆下撒布1.5%乐果粉少许，每天早晨翻草扑杀。

3. 药剂防治 常用药剂为甲基异柳磷、辛硫磷、敌百虫、毒死蜱等有机磷制剂，可采用药剂拌种、土壤处理、喷雾或灌浇药液等施药方式，兼治其他地下害虫。

拌种可用40%甲基异柳磷乳油或用50%辛硫磷乳油，拌种时先将适量药剂药加水稀释，再用喷雾器将药液均匀喷洒在种子上，边喷药边翻动种子，待药液被种子吸收后，摊开晾干即可。

土壤处理时每667米^{2}用药量，3%氯唑磷(米乐尔)颗粒剂用2千克，5%辛硫磷颗粒剂用2千克，2%甲基异柳磷粉剂用2千克，皆与干细土30～40千克混合拌匀，制成药土，播前将药土撒施于播种穴中或播种沟中(不要直接接触种子)，或苗期顺垄撒施与地面，然后浅锄覆土。

在金针虫危害期，于发生严重的地块用80%敌百虫可溶性粉剂1 000倍液，50%辛硫磷乳油1 000倍液，40%甲基异柳磷乳油1 000～1 500倍液，或48%毒死蜱乳油1 500倍液顺垄喷施，或将喷雾器去掉喷头，顺垄灌根。隔8～10天灌1次，连续灌2～3次。

七、蝼 蛄

蝼蛄是一类重要地下害虫，常见种类有东方蝼蛄和单刺蝼蛄两种。东方蝼蛄在我国各地均有分布，在南方比在北方危害重。单刺蝼蛄主要发生在长江以北地区，以盐碱地、沙壤地虫口数量较多。蝼蛄食性很杂，除了向日葵以外，还严重危害小麦，玉米、高粱、谷子、薯类、棉花、烟草、蔬菜、树木幼苗等多种农林植物。

【危害特点】 蝼蛄的成虫和若虫咬食刚播下的种子、幼苗的根和嫩茎，可把茎秆咬断或扒成乱麻状，使小苗枯死，大苗枯黄。蝼蛄在表土活动时，挖掘纵横隧道，常使幼苗吊空而死。

【种类与形态】 蝼蛄属于直翅目蝼蛄科，常见种类有东方蝼蛄(曾误称非洲蝼蛄)和单刺蝼蛄(曾称华北蝼蛄)2种。

1. 东方蝼蛄 *Gryllotalpa orientalis* **Burmeister**

(1)成虫　体长30～35毫米,灰褐色,腹部色较浅,全身密布细毛。头圆锥形,触角丝状。前胸背板卵圆形,中间具一较小的暗红色长心脏形斑,凹陷明显。前翅灰褐色,长约12毫米,能覆盖腹部1/2。后翅扇形,较长,超过腹部末端。腹部末端近纺锤形,具1对长尾须。前足为发达的开掘足,腿节内侧外缘平直,无明显缺刻。后足胫节背面内侧有刺3～4个(彩照139,图23)。

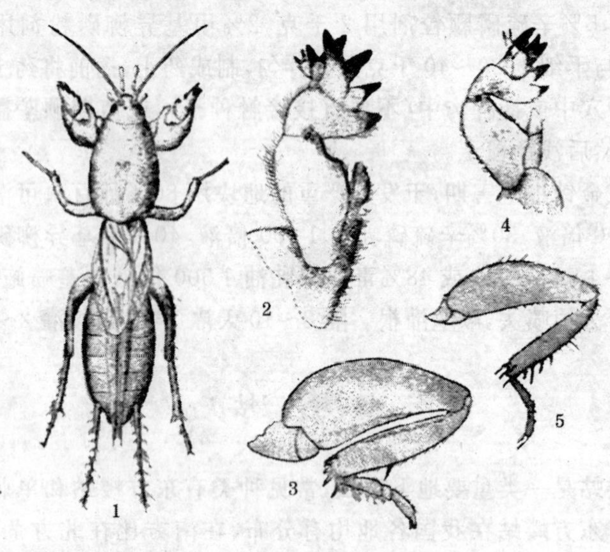

图23　蝼　蛄

1. 单刺蝼蛄成虫　2. 单刺蝼蛄前足　3. 单刺蝼蛄后足
4. 东方蝼蛄前足　5. 东方蝼蛄后足

(2)卵　椭圆形,长约2.0～2.4毫米,初产为乳白色,后变黄褐色,孵化前暗紫色。

(3)若虫　大多8～9龄,少数6龄或9～10龄。初孵若虫乳白色,复眼淡红色,体色后变灰褐色。初龄若虫体长约4毫米,末龄若虫体长 24～28 毫米。二至三龄以后的若虫体色与成虫相近。

2. 单刺蝼蛄 *G. unispina* **Saussuve**

(1)成虫 体长 39～45 毫米,黄褐色,全身密生黄褐色细毛。前胸背板呈盾形,中央有一个较大的暗红色心脏形斑,凹陷不明显。前翅黄褐色,长 14～16 毫米,覆盖腹部不到 1/3。后翅纵卷成筒状,伏于前翅之下,长度超过腹末端。腹部末端近圆筒形,具 2 个长尾须。前足特别发达,为开掘式,适于挖土行进。前足腿节内侧外缘呈“S”形弯曲,缺刻明显。后足胫节背面内侧有刺 1 个或缺(彩照 140,图 23)。

(2)卵 椭圆形,孵化前长 2.4～2.8 毫米,宽 1.5～1.7 毫米。初产黄白色,后变黄褐色,孵化前暗灰色。

(3)若虫 共 13 龄,初孵若虫乳白色,复眼淡红色,体色后变黄褐色。五、六龄以后体色形似成虫,翅不发达,仅有翅芽。

【发生规律】

1. 东方蝼蛄 在北方各地 2 年发生 1 代,在南方 1 年发生 1 代,以成虫或各龄若虫在地下越冬。

以陕西为例,越冬成虫 3～4 月上升到地表活动,隧洞洞顶隆起一小堆新鲜虚土,随后出窝转移,地表虚土堆出现小孔。5 月上旬至 6 月中旬是蝼蛄最活跃的时期,也是第一次危害高峰期。5 月中旬开始产卵,5 月下旬至 6 月上旬是产卵盛期,6 月中旬为卵孵化盛期,孵化的若虫潜入 30～40 厘米以下的土层越夏。9 月上旬以后随气温下降,再次上升到地表活动,危害秋作物,形成第二次危害高峰。10 月中旬以后,陆续钻入深层土壤中越冬。

东方蝼蛄昼伏夜出,以夜间 9～11 时活动最盛,特别在气温高、湿度大、闷热的夜晚,大量出土活动。在炎热的中午常潜至深土层。东方蝼蛄喜在潮湿处产卵。产卵前在土层 5～10 厘米深处筑扁圆形卵室,每室有卵 30～60 粒。该虫有趋光性,对香甜物质,诸如半熟的谷子,炒香的油渣、豆饼、麦麸以及新鲜马粪等有强烈的趋性。土壤温湿度对其活动影响很大，壤土和沙壤土发生重。

2. 单刺蝼蛄 生活历期较长，北方大部分地区需3年完成1代，以成虫和八龄以上的若虫在地下60～120厘米深处土层内越冬。春季3～4月份，10厘米深处地温土温回升至8℃时上升活动，常将表土顶出约10厘米长的新鲜虚土堆。4～5月份进入危害盛期，食害春播作物和冬小麦。6月中旬以后天气炎热，潜入地下越夏。越冬成虫6～7月交配产卵，每头雌虫可产卵80～800余粒，每个卵室有卵50～85粒，卵期20～25天。8月上旬至9月中旬又复上移危害，其后以八至九龄若虫越冬。第二年春季，越冬幼虫上升危害，秋季发育成十二至十三龄若虫，移入土层深处越冬。第三年8月上中旬若虫羽化，该年以成虫越冬，越冬成虫在第四年产卵。

单刺蝼蛄也具有趋光性和趋化性，但因形体大，飞翔力弱，黑光灯不易诱到。单刺蝼蛄喜好栖息于松软潮湿的壤土或砂壤土，20厘米表土层含水量20%以上最适宜，低于15%时活动减弱，多发生于沿河、沿海及湖边的低湿地区。气温在12.5℃～19.8℃，20厘米深处地温为15.2℃～19.9℃时最适宜，温度过高或过低，则潜入深层土中。

【防治方法】 防治蝼蛄，应根据其季节性消长特点和土壤中的活动规律，抓住有利时机，采取相应措施。

1. 栽培防治 深耕翻地，机械杀伤土中的虫体，或将其翻到土面，经暴晒，冷冻和鸟类啄食而死亡；平整土地，治理田边的沟坎荒坡，清除杂草，破坏蝼蛄孳生繁殖场所；马粪等农家肥应充分腐熟后才能施用，以防止招引蝼蛄产卵；春、秋危害高峰期适时灌水可迫使蝼蛄下迁，减轻危害。

2. 人工诱虫杀虫 在成虫活动高峰期，设置黑光灯诱杀。利用蝼蛄对马粪的趋性，用新鲜马粪放置在坑中或堆成小堆诱集，人工扑杀。也可在马粪中拌入0.1%敌百虫或辛硫磷诱杀蝼蛄。

春季在蝼蛄开始上升活动而未迁移时,根据地面隆起的虚土堆,寻找虫洞,沿洞深挖,找到蝼蛄后杀死。夏季在蝼蛄产卵盛期,结合中耕,发现洞口后,向下挖10～18厘米左右即可找到卵室,再向下挖8厘米左右就可挖到雌成虫,一并消灭。

3. 药剂防治

(1)药剂拌种　用50%辛硫磷乳油或40%甲基异柳磷乳油拌种,用药量为种子量的0.1%～0.2%。先用种子量5%～10%的水稀释药剂,用喷雾器将药液喷布于种子上,搅拌均匀后堆闷12～24小时,使药液被种子充分吸收。

(2)土壤处理　常用50%辛硫磷乳油、40%甲基异柳磷乳油、5%辛硫磷颗粒剂、3%甲基异柳磷颗粒剂、3%氯唑磷(米乐尔)颗粒剂等。使用方法参见蛴螬的防治。

(3)毒饵诱杀　用炒香的谷子、麦麸、豆饼、米糠、或玉米碎粒等作饵料,拌入饵料量1%的40%乐果乳油或90%敌百虫结晶做成毒饵。操作时先用适量水将药剂稀释,然后喷拌饵料。使用时将毒饵捏成小团,散放在株间、垄沟内或放在蝼蛄洞穴口,诱杀蝼蛄,毒饵不要与苗接触,浇水时应将毒饵取出。也可在田间每隔3～4米挖一浅坑,在傍晚放入一捏毒饵再覆土。

(4)灌药法　用50%辛硫磷乳油1 000～1 500倍液或80%敌敌畏乳油2 500倍液灌注蝼蛄隧洞的穴口,也可从穴口滴入数滴煤油,再向穴内灌水。危害严重的地块,可用药液灌根。

八、地老虎

地老虎是一类地下害虫,在国内各地皆有不同程度发生,食性很杂,为多种作物苗期的大害虫。小地老虎分布较广,在长江流域和东南沿海气候湿润地区发生最重。黄地老虎主要分布于东北、内蒙古、河北、山西、陕西、宁夏、甘肃、青海、新疆等北方省区，有逐渐向南扩展的趋势。大地老虎分布区域与小地老虎基本一致，可混合发生。八字地老虎、白边地老虎、警纹地老虎、显纹地老虎以及其他种类仅在局部地区猖獗成灾。

【危害特点】 幼虫危害，取食幼苗，造成缺苗断垄，严重时毁种。一龄幼虫取食心叶或嫩叶，只吃叶肉，残留表皮和叶脉，二至三龄咬食叶片，造成孔洞或缺刻，四龄以后还咬断幼根、幼茎、叶柄，可切断近地面的茎部，五至六龄为暴食期。

【种类与形态】 地老虎属鳞翅目夜蛾科，分布较广的种类有小地老虎，黄地老虎，大地老虎，八字地老虎等。

1. 小地老虎 *Agrotis ypsilon* **Rott.**

(1)成虫　体长16～23毫米，翅展42～54毫米，头、胸部褐色至灰黑色，腹部棕褐色。前翅暗褐色，从翅基部至端部有基线、内横线、中横线、外横线及亚缘线和外缘线，均为暗色，有环状纹，肾状纹和楔状纹各1个，环状纹在中室中部，黑褐色，肾状纹在中室端部，黑色。楔状纹在内横线外侧中部。在肾状纹外侧有一个尖端向外的楔状纹，在亚端线内侧有两个尖端向内的黑色楔状纹，三纹尖端相对，这是其最显著的特征。后翅灰白色。静止时，前翅平披背上(彩照141，图24)。

(2)卵　馒头形，直径0.5～0.6毫米，表面有纵横格纹。初产时乳白色，后渐变为黄色，孵化前顶部呈现黑点(图24)。

(3)幼虫　老熟幼虫体长37～50毫米，头部黄褐色至暗褐色，体深灰色，背面有暗色纵带。体表粗糙，密布黑色圆形小颗粒。腹部1～8节各节背面有2对毛片，前面1对小而靠近，后面1对大而远离，4个毛片排列成梯形。臀板黄褐色，有2条深色纵带(彩照142，图24)。

(4)蛹　体长18～24毫米，红褐色或暗褐色。1～3腹节无明显横沟，第四腹节背侧有3～4排刻点，5～7腹节背面刻点较侧面的大,腹末黑色,有刺2根(彩照143,图24)。

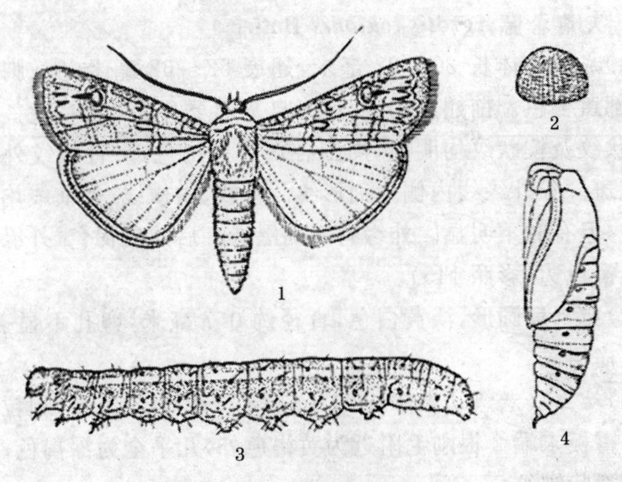

图24 小地老虎

1. 成虫 2. 卵 3. 幼虫 4. 蛹

(仿华南农学院主编农业昆虫学)

2. 黄地老虎 *Agrotis segetum* **(Den. et Schiff.)**

(1)成虫 体长13～19毫米,翅展30～43毫米,全体淡土黄色。雌蛾触角丝状,雄蛾双栉齿状。前翅基线、内横线、外横线均不明显,肾状纹、环状纹及楔状纹均明显,周围各环以黑褐色边。环状纹中部有一黑褐色小点。后翅灰白色,翅脉褐色,前缘黄褐色(彩照144)。

(2)卵 半球形,直径约7毫米,黄褐色,卵壳表面有多数纵脊和横纹。

(3)幼虫 老熟幼虫体长33～43毫米,体黄褐色,体表颗粒不明显,有光泽。腹部背面每节各有4个毛片,前边两个比后两个略小。臀板中央有黄色纵纹,两侧各有一块黄褐色斑纹。

(4)蛹 红褐色,纺锤形,体长15～20毫米,腹部5～7节各有细小刻点9～10排。

3. 大地老虎 *Agrotis tokionis* Butler

(1)成虫　体长20～22毫米，翅展52～62毫米，头、胸暗褐色，腹部黄褐色。前翅灰褐色，前缘自基部至2/3处黑褐色。肾状纹、环状纹及楔状纹均明显，周围各环以黑褐色边，肾状纹外方有一黑色斑。亚外缘线内侧无剑形纹。基线、内横线、外横线均为双条曲线，但有时不明显。外缘有一列黑点。后翅浅褐色，外缘具很宽的黑褐色边(彩照145)。

(2)卵　扁圆形，淡黄白色，直径约0.7毫米，卵孔不显著，表面有纵横格纹。

(3)幼虫　老熟幼虫体长41～61毫米，体表皱纹多，颗粒不明显。除臀板末端2根刚毛附近为黄褐色外，几乎全为深褐色，且全布满龟裂状皱纹。

(4)蛹　深褐色，腹面黄褐色，纺锤形，体型较大，长25毫米左右，宽7毫米左右，腹部5～7节腹面前缘有4～5排刻点。腹末稍延长，黑褐色，有较短的粗刺2根。

4. 八字地老虎 *Amathes c-nigrum* (Linnaeus)

(1)成虫　体长15～17毫米，翅展36～40毫米，头、胸、腹灰褐色。前翅灰褐色带紫色，环状纹淡褐色黑边，肾状纹褐色，外缘黑色，前方有两黑点。中室黑色，前缘有一淡褐色倒三角形斑，顶角达中室后缘中部。基线双线黑色，外横线双线黑色，微呈波形，外横线双线锯齿形，亚外缘线灰色，内侧有一黑线，前缘有一黑斜斑，外缘线由一列黑点组成。后翅淡黄褐色，外缘淡灰褐色(彩照146)。

(2)卵　馒头形，高0.5毫米左右，初产时乳白色，表面有纵横格纹。

(3)幼虫　四龄前绿色，头部淡黄褐色，前胸盾黄绿色，背线、亚背线色浅断续，气门线粗，上侧白色，下侧黄绿色。胸足淡黄色，腹足绿色。五龄后变为黄褐色至暗褐色、亮黄褐色，体表较光滑，无颗粒。头部中央有一对黑色弧形纹，近八字形。颅侧区具暗褐色不规则网纹。背线灰色，亚背线由不连续的黑褐色斑纹组成，背面斑纹呈八字形。气门下为一枯黄色纵带。臀板深褐色。胸足黄色，腹足灰黄色。

(4)蛹　黄褐色，纺锤形，长16毫米左右，腹部4～7节背面和腹面前方有数排较稀疏圆形和半圆形凹纹，腹部末端生有红褐色粗刺1对。

【发生规律】

1. 小地老虎　每年发生2～7代，东北和长城以北地区2～3代，黄河以北3～4代，长江流域4～5代，长江以南6～7代。在南岭以南地区无越冬现象，可终年繁殖，在北纬33℃以南至南岭一带有少量蛹和幼虫越冬，在北纬33℃以北广大地区不能越冬。北方的虫源是每年由南方迁飞而来的。例如，在陕西关中，每年2月底到3月上旬成虫开始迁入，3月下旬至4月上旬为高峰期，5月初至5月底是第一代幼虫危害期，正值多种作物苗期，受害最重。

小地老虎成虫昼伏夜出，白天多栖息于草丛、土缝等隐蔽处，傍晚7时至凌晨5时进行取食、交配和产卵等活动。在春季傍晚气温达8℃时即开始活动，温度越高，活动的虫量和范围也愈大，夜晚大风时不活动。具强趋光性和趋化性，喜食花蜜和蚜露。成虫产卵主要在土块、地面缝隙内，其次在土面的枯草茎、须根、草秆上，少数产在杂草和作物幼苗贴近地面的叶背和嫩茎上。卵散产偶尔聚产。

幼虫共6龄，三龄前在植物叶背和心叶处昼夜取食。三龄后白天潜伏在植株周围2～3厘米深的表土中，夜间出来活动和危害，咬断幼苗茎基部，将咬下的部分拖入土中取食，有假死习性，受惊后可收缩成环形。小地老虎在缺乏食物或种群密度过大时，个体间常自相残杀。幼虫老熟后，常选择比较干燥的土壤筑土室化蛹。

小地老虎的适温范围为13.4℃～24.8℃，适宜的相对湿度为50%～90%，高温不利于生长和繁殖，但该虫也不耐低温。小地老虎在地势低洼，雨量充足的地方发生多，土壤含水量影响成虫产卵和幼虫存活，以土壤含水量15%～20%适宜，过高则幼虫密度大大降低。土质疏松，团粒结构好，保水性好的土壤适合于小地老虎发生，田间管理粗放，杂草丛生，靠近荒地的地块发生也多。

2. 黄地老虎 黄地老虎在东北地区每年发生2代，在新疆、甘肃河西地区2～3代，在华北3～4代，在黄淮地区4代，均以幼虫在作物、杂草根际和土层中越冬，春、秋两季危害重。

成虫昼伏夜出，喜食花蜜和有糖、酒、醋味的物质，对黑光灯有趋性。多产卵在作物根茬和草棒上，几十粒成串排列。幼虫食性杂，危害习性与小地老虎相似。幼虫共6龄，三龄以前多在寄主心叶里取食，3龄后栖息于根部，夜间危害，老熟幼虫入土化蛹。

3. 大地老虎 1年发生1代，以低龄幼虫在表土层越冬，长江流域3月初出土，5月上旬进入危害盛期。气温高于20℃则在土壤3～5厘米深处筑土室滞育越夏，滞育期长达100余天。9月中旬开始化蛹，10月上中旬羽化为成虫。成虫趋光性不强，交配后第2天产卵。卵多产在土表或幼嫩的杂草茎叶上。幼虫共7龄，幼虫孵化后取食一段时间，然后就以二至四龄幼虫越冬。

4. 八字地老虎 在我国北方1年发生2代，以幼虫在土中越冬。幼虫春、秋两季危害。在陕西关中，末代成虫发生于9月中旬至11月初，产卵于越冬作物上，幼虫取食叶片，危害一段时间后进入越冬，翌春再继续危害，4月上旬幼虫老熟，入土作土室化蛹，成虫于5月上旬出现。八字地老虎幼虫6龄，个别7龄，成虫具趋光性。

【防治方法】

1. 栽培防治 铲除杂草，减少产卵场所和早期食料来源；春耕耙耱杀卵，秋季翻耕，曝晒土壤；进行冬灌，杀死越冬幼虫。

2. 人工诱杀　在成虫发生期利用黑光灯或糖醋液诱杀成虫，也可用杨树枝把、泡桐叶或性诱剂等诱虫。用切碎的鲜菜叶、苜蓿叶、豆饼、油渣、棉籽饼、麦麸等作饵料，喷拌敌百虫或辛硫磷等杀虫剂制作毒饵，傍晚撒于田间植株基部土表诱杀幼虫。还可在早晨扒开被害株的周围土壤或畦边、田埂阳坡表土，捕杀幼虫。

3. 药剂防治　在幼虫 3 龄以前抓紧进行，可撒施毒土，喷粉或喷雾。毒土用 2.5%敌百虫粉 1.5 千克与细土 22.5 千克混匀制成。喷粉可用 2.5%敌百虫粉剂，每 667 米^2 喷 2～2.5 千克。喷雾可用 90%敌百虫晶体 800～1 000 倍液，50%辛硫磷乳剂 1 000 倍液，2.5%敌杀死（溴氰菊酯）乳油 3 000 倍液，20%氰戊菊酯 3 000 倍液，20%菊・马乳油 3 000 倍液等。在第一次防治后，隔 7 天左右再防治 1 次，连续防治 2～3 次。

第四章 一般害虫

一、蝗 虫

蝗虫是直翅目蝗亚目的害虫，种类很多。飞蝗是世界性害虫，属于直翅目斑翅蝗科飞蝗亚科，分布于我国的有东亚飞蝗、亚洲飞蝗和西藏飞蝗。飞蝗群体能远距离迁飞，易暴发成灾，是我国历史上成灾最多的大害虫。成虫不作远距离迁飞的蝗虫，俗称土蝗。土蝗种类很多，大发生时也能给农作物造成毁灭性的灾害。蝗虫食性很杂，喜食禾本科和莎草科植物，在大发生时，几乎取食包括向日葵在内的所有绿色植物，接近草地、山林、荒地的农田受害较多。在通常条件下，向日葵田较常见的蝗虫是负蝗，本节重点介绍。

【危害特点】 成虫和若虫用咀嚼式口器蚕食叶片和嫩茎。初龄若虫取食的叶片呈网状，稍大后蛀食成孔洞、缺刻，受害严重的叶片只剩主脉。短额负蝗食性很杂，主要取食双子叶植物，包括向日葵、棉花、麻类、豆类、薯类、烟草、蔬菜等，也危害粮食作物、果树、林木等。

【种类与形态】 常见的短额负蝗、长额负蝗都是锥头蝗科负蝗属的害虫，不完全变态，其生活史有成虫、卵和若虫等虫期。

1. 短额负蝗 *Atractomorpha sinensis* **Bolive**

(1)成虫　雄性体长19～23毫米，绿色或枯草色。头部长锥形，短于前胸背板，颜面颇倾斜，与头顶成锐角。头顶较短，自复眼的前缘到头顶顶端的距离约为复眼最大直径的1.3倍。复眼卵形,褐色,位于头的中部。触角粗短,剑状,17节,顶端刚超过前胸背板的中部。复眼向后沿前胸背板两侧缘,有略呈淡红色的纵条纹和一列浅黄色疣突。前胸背板宽平,前缘平直,后缘钝圆形,中隆线明显,侧隆线较弱,前横沟较弱,中横沟与后横沟明显,后横沟位于中部之后,沟前区略长于沟后区。前胸背板侧片的后缘具膜状区。前翅狭长,长19～25毫米,超过后足股节顶端,超出部分的长度为全翅长度的1/3,翅顶较尖。后翅略短于前翅,基部玫瑰色,端部淡绿色。雄性尾须圆锥形(彩照147,图25)。

雌性体较雄性大,体长28～35毫米,前翅长22～31毫米。上产卵瓣粗短,端部钩状,上产卵瓣的上外缘具细齿。

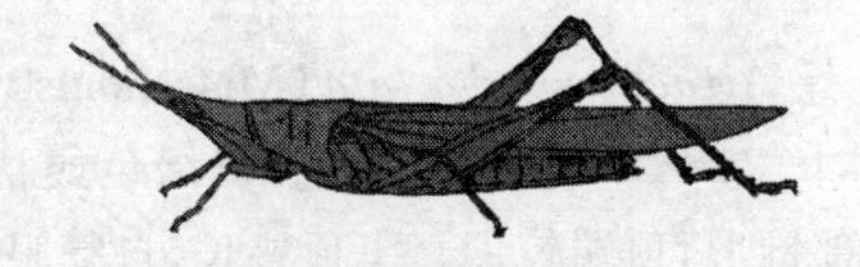

图25　短额负蝗成虫

(2)卵　通常被一些物质包裹形成卵囊。卵囊内上部为泡沫状物质,下端为卵室,藏有卵粒。短额负蝗卵长椭圆形,长3～4毫米,在卵囊内不规则地斜排成3～5行。每个卵囊内一般有卵25～100粒。

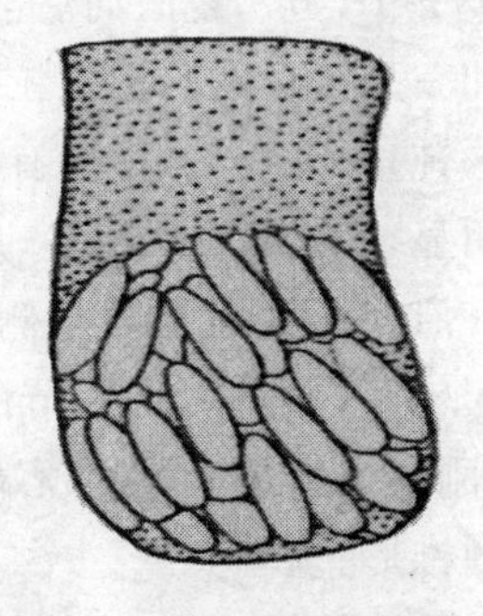

图26　短额负蝗的卵囊

(3)若虫　也称为蝗蝻,共有5个或6个龄期。一龄若虫体长4～5毫米,草绿色或灰褐色,翅芽小,不明显;二龄若虫体长6～7毫米,前翅芽突出,三角形,后翅芽可辨;三龄若虫体长8～13毫米,前、后翅芽肉眼可见,均呈三角形;四龄若虫体长10～15毫米,前、后翅芽向后方平伸;五龄若虫体长

14～20毫米,翅芽向背后方翻折,长度超过第一腹节,但不及第二腹节中部;六龄若虫体长20～28毫米,翅芽也向背后方翻折,长度至少超过第二腹节。短额负蝗若虫体较短,梭形,头胸部具有疣状突起(彩照148,图27)。

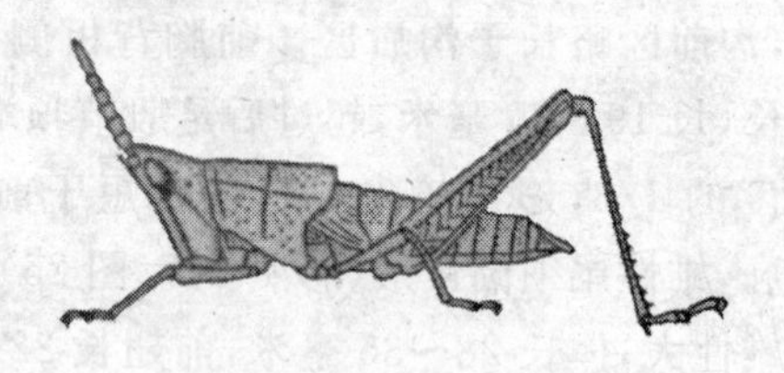

图27 短额负蝗的若虫

2. 长额负蝗 *Atractomorpha lata* (**Motschoulsky**) 成虫体型较长大,雄性体长23～26毫米,体绿色,黄绿色或枯草色,杂有黑色小斑点。头部锥形,顶端较尖。头顶狭长,自复眼前缘至头顶顶端的距离,为复眼最大直径的1.45～1.75倍。触角粗短,剑状,通常17～18节。复眼向后沿前胸背板两侧缘,有不明显的淡红色条纹和一列淡色的圆形颗粒。前胸背板宽平,前缘较直或中央略凹,后缘钝角形突出。中央有三角形凹口,圆形,中隆线明显,侧隆线不明显,3条横沟都明显,后横沟近后端,沟前区长度为沟后区的1.4～1.6倍。前胸背板侧片的后缘凹陷,无膜状区,后下角尖锐。前翅较短,超出后足股节的长度为翅长的1/4,后翅明显短于前翅,刚超出后足股节的顶端。后翅本色透明,有的略呈淡绿色。尾须圆锥形,顶端尖。

雌性体较雄性大,体长31～43毫米,前翅甚长,常超过后足胫节的中部。产卵瓣窄长,顶端较尖,上产卵瓣的上外缘具细齿。

【发生规律】 短额负蝗每年发生1～2代,以卵块在草地、渠岸、沟边土壤中越冬。在黄河中下游省区,越冬卵通常于5月下旬孵化。7月上旬成虫出现,7月中旬成虫交配产卵。8月上旬出现第二代蝗蝻，9 月上旬成虫羽化，9 月中旬开始交配产卵。秋季气温高，有利于成虫危害和繁殖。

初孵蝗蝻喜群集叶部，扩散能力弱，三龄后进入暴食阶段，分散取食。成虫和若虫善于跳跃，成虫只能作短距离飞翔，具有一定的趋光性。上午 11 时以前和傍晚大量取食，其他时间多在作物或杂草中栖息。交尾时雄虫在雌虫背上随雌虫爬行，数天背负不散。卵产在土壤中，平均深度 2.5 厘米。低洼，土质较细，土壤湿度适中，杂草稀少的地方最适于负蝗产卵。多数个体产卵后还可继续交配，并第二次产卵。

短额负蝗喜爱栖息在潮湿而杂草丛生的生境中。在河流两岸、沟渠两侧以及低洼内涝地区发生较多，并由这里迁往农田危害。邻近的向日葵田和菜田发生多，易受害。在多雨年份，土壤湿度过大，蝗卵和幼蝻死亡率高。干旱年份，发虫量大，危害重。

长额负蝗的发生规律与短额负蝗相似，成、若虫多在 6～9 月份取食叶片，但数量较少，危害较轻。

【防治方法】 秋季或早春深翻土地，铲除田边、沟边杂草，减少蝗卵越冬和蝗虫食料。零星发生，虫口数量不多时，可用捕虫网全面捕捉，以减轻危害和保护天敌。发生量较多时可用药喷雾防治。有效药剂有 50%马拉硫磷乳油 1 000～1 500 倍液、50%乐果乳油 1 000～1 500 倍液，50%杀螟硫磷乳油 1 000～1 500 倍液，20%杀灭菊酯乳油 3 000 倍液，40%敌·马乳油 3 000 倍液等。

二、白星花金龟

白星花金龟又名白星花潜，分布于全国各地，在东北、华北和黄淮海等地发生较多。白星花金龟成虫食性杂，危害多种作物，向日葵田间常见，可在植株上群集取食(彩照 149)。

【危害特点】 白星花金龟成虫主要危害向日葵、玉米、豆类、花生、蔬菜、果树、林木等农林作物的花器、嫩果、茎叶等，幼虫不危害。白星花金龟取食向日葵茎叶和花盘，并造成伤口，易引起花盘腐烂。成虫喜取食玉米的花丝和果穗顶端的籽粒，造成减产。苹果、梨、桃、杏、李、葡萄和樱桃等果树的果实可被啃食成空洞，引起落果和果实腐烂，嫩叶和芽也常被取食。

【形态特征】 白星花金龟属于鞘翅目，金龟甲总科，花金龟科，学名 *Potosia brevitarsis* Lewis，有成虫、卵、幼虫、蛹等虫期。

1. 成虫 体长 18～22 毫米，宽 9～12 毫米，椭圆形，古铜色或青铜色，有光泽。体表散布多数形状不规则的白色绒斑，白绒斑的数目和排列多有变异。头部唇基短宽，前缘向上折翘，中凹。触角深褐色，鳃片部 3 节。前胸背板两侧弧形，基部最宽，具不规则白绒斑，小盾片前中凹。小盾片长三角形，顶角钝。鞘翅宽大，近长方形，遍布粗大刻点，白绒斑横向波浪形排列，多集中于中后部。臀板短宽，密布皱纹和黄色绒毛，每侧具 3 个白绒斑。腹部 1～4 节腹板两侧近边缘处有白绒斑。足较粗壮，前足胫节外缘 3 齿，各足跗节顶端有 2 个弯曲的爪(彩照 150)。

2. 卵 圆形至椭圆形，长 1.7～2.0 毫米，乳白色。

3. 幼虫 老熟幼虫体长 40～50 毫米，头较小，褐色，胴部粗胖，多皱纹，弯曲成“C”形，黄白色或乳白色。胸足短小，无爬行能力。腹末节膨大，肛门孔横裂缝状。肛腹板上有两纵行刺毛列，排成倒“U”字形，每列有 15～22 条短而钝的刺毛。

4. 蛹 裸蛹，体长 21～22 毫米，卵圆形，先端钝圆，向后渐尖削，尾节端部半圆形。黄褐色。蛹外包裹土茧，土茧长 26～30 毫米，椭圆形。

【发生规律】 1 年发生 1 代，以老熟幼虫在土壤中或厩肥、堆肥中越冬。翌 5 月份越冬幼虫作土室化蛹，成虫于 5 月上旬开始出现，6～7 月份为发生盛期，9 月中下旬以后数量逐渐减少。

成虫善飞翔，白天活动，常聚集危害，在早晚或阴天温度较低时多不活动，有假死性，对糖醋液有趋性，对未腐熟的农家肥、腐殖质有强烈的趋性，无趋光性。卵多产于厩肥、堆肥中，以及堆积秸秆、树叶、腐草的处所。幼虫多栖息于农家肥、秸秆、树叶、其他富含腐烂有机物的处所，以及含腐殖质的松土中，腐食性，不危害作物。幼虫行动时以背部着地，腹部朝天伸缩移动。

【防治方法】

1. 栽培防治　发生严重的地块，在深秋或初冬翻耕土地；搞好村庄环境卫生和田间卫生，及时清理清除生活垃圾，农作物秸秆、柴草；农家肥集中存放，高温堆制，要充分腐熟，在5月份以前及时翻倒或施用；在制肥、施肥和清理有机废弃物的过程中，人工拣拾和消灭幼虫与蛹；在成虫发生期，于早、晚或阴天温度较低时人工捕杀。

2. 诱杀成虫　在成虫发生期，在腐烂有机物较多的处所或田边，用糖醋液（加少量敌百虫）诱杀成虫。也可用腐烂果实诱集成虫，该法用瓶子、竹筒等小口容器，其内放入腐烂果实2～3个，加少许糖蜜，然后将容器悬挂在向日葵、玉米植株或树干上，诱集成虫，每天下午3～4时，收集并杀死诱到的虫子。

3. 药剂防治　必要时在成虫盛发期喷施50%辛硫磷乳油1 000～2 000倍液，40%乐果乳油1 500倍液，48%毒死蜱乳油1 500倍液，或80%敌百虫可溶性剂1 000～1 500倍液等。

五、砂　潜

砂潜又名网目拟地甲、网目砂潜，是一种地下害虫，分布于北方各地，适生于干旱和较黏性的土壤。寄主多，食性杂，对向日葵、棉花、大豆、花生和粮食作物幼苗造成严重危害。

【危害特点】　成虫主要取食萌发的种子和幼苗嫩叶、嫩茎，幼虫在土壤中取食根、茎，可钻入根颈，造成幼苗枯萎死亡。

【形态特征】 砂潜属于鞘翅目，扁甲总科，拟步甲科，学名 *Opatrum subaratum* Fald.，有成虫、卵、幼虫和蛹等虫期。

1. 成虫 体长6.4～8.7毫米，体宽3.3～4.8毫米，椭圆形。羽化初体色乳白，后逐渐加深，最后成黑褐色，翅面常附有泥土，呈土灰色。触角棒状，11节，除1、3节较长外，其余均为球形。前胸背板发达，密布小点刻。鞘翅近长方形，前缘向下弯曲将腹部包围，因而有翅却不能飞行，每个鞘翅有7条纵隆线，各隆线两侧有突起5～8个。各足有距2个，生有黄色细毛。腹部背面黄褐色，肛上板黑褐色，密生点刻（彩照151，图28）。

2. 卵 椭圆形，乳白色，表面光滑。

3. 幼虫 老熟幼虫体长15～18毫米，深灰黄色，体细长似金针虫。足3对发达，前足长，为中、后足的1.3倍，中、后足大小相等。腹部末节较小，纺锤形，背面前部稍突起成一横沟，沟前部有褐色钩形纹1对，末端中央有褐色的隆起，末端边缘共有刚毛12根，两侧和顶端各有4根（图28）。

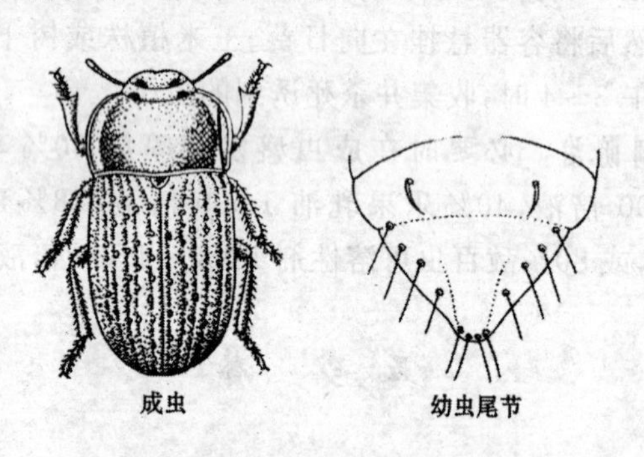

图28 砂潜成虫（左）和幼虫尾节（右）

（仿赵养昌图）

4. 蛹 为裸蛹，体长6.8～8.7毫米，腹部末端有2个刺状突起，全体乳白色略带灰色，羽化前深黄褐色。

【发生规律】 砂潜在东北和华北每年发生1代，以成虫在土壤缝隙中、洞穴或枯草落叶下越冬。成虫在春季土温达15℃后开始活动，3～4月间活动最盛。砂潜的成虫爬行，不能飞翔，有假死性，寿命长，有的长达3年。成虫3月中旬起交配产卵，可孤雌生殖。卵产于4厘米以下的土层中。幼虫在土中活动取食，共6～7龄，老熟后在土层5～8厘米深处做土室化蛹。成虫羽化后，多在根部附近越夏，秋季继续活动危害，至11月陆续潜土越冬。

【防治方法】 耕翻土地，精耕细耙，机械杀伤土壤中越冬虫体；用杨树枝诱捕成虫，该法将长约67厘米的杨树枝4～5枝捆成一把，浇上清水后插到地上，每667米^{2}插十几把诱虫；喷施90%晶体敌百虫700～1 000倍液，80%敌敌畏乳油2 000倍液或菊酯类杀虫剂。

四、马铃薯瓢虫

马铃薯瓢虫广泛分布于北方各地，寄主种类很多，主要危害茄科、豆科、葫芦科、十字花科蔬菜，以马铃薯、茄子受害最重。向日葵田间有零星发生，幼嫩叶片受害较多。

【危害特点】 马铃薯瓢虫的成虫、幼虫取食叶片的叶肉，残留上表皮，形成许多透明的平行弧形凹纹，后变褐色。

【形态特征】 马铃薯瓢虫属于鞘翅目扁甲总科瓢甲科，学名 *Henosepilachna vigintioctomaculata* (Motsch.)，有成虫、卵、幼虫、蛹等虫期。

1. 成虫 半球形，赤褐色，体长7～8毫米，密生黄褐色细毛。前胸背板中央有一较大的剑状斑，两侧各有2个黑色小斑(有的合并成1个)。两鞘翅上各有14个黑斑，鞘翅基部3个黑斑，以及其后方的4个黑斑，都不排在一条直线上，两鞘翅合缝处有1～2对黑斑相连(彩照152，图29)。

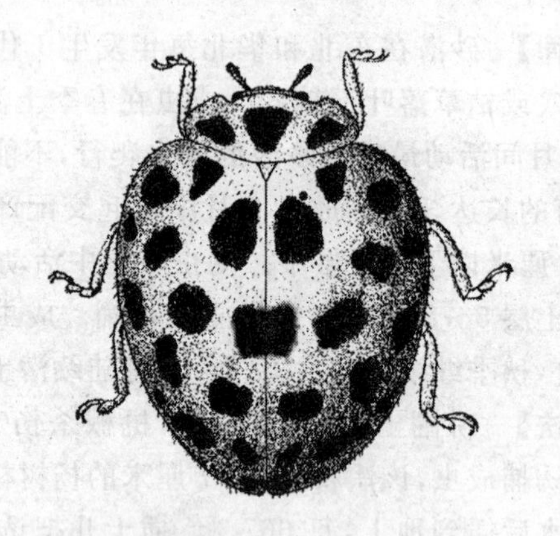

图 29　马铃薯瓢虫成虫

2. 卵　子弹头形，初鲜黄色，后变黄褐色，有纵纹（彩照 153）。

3. 幼虫　淡黄褐色，纺锤形，体背面各节生有黑斑和黑色刺枝，每个刺枝上有小刺 6～10 根（彩照 154）。

4. 蛹　淡黄色，椭圆形，背面有黑色斑纹和稀疏细毛，尾端包着幼虫末次脱皮的皮壳（彩照 155）。

与马铃薯瓢虫形态相似的有茄二十八星瓢虫（*Henosepilachna vigintioctopunctata*），易混淆。茄二十八星瓢虫成虫前胸背板有 6 个黑点，有时中间 4 个连成一个横斑。鞘翅上虽然也有 14 个黑斑，但鞘翅基部 3 个黑斑和后方的 4 个黑斑，都几乎排列在一条直线上，两翅合缝处黑斑也不相连，据此可与马铃薯瓢虫区分。

【发生规律】　马铃薯瓢虫在北方 1 年发生 2 代，少数地区 1 年 1 代。以成虫群集在背风向阳的山洞里、土穴中、石缝内、树皮下、建筑物缝隙中越冬，也群集在背风向阳的山坡地、半丘陵坡地越冬。在华北地区，5 月份越冬成虫开始危害，6 月上中旬为产卵盛期，6 月中下旬幼虫大量孵化，6 月下旬至 7 月上旬为第一代幼虫严重危害期，7 月中下旬为化蛹盛期，7 月下旬到 8 月上中旬是第一代成虫羽化盛期。8 月上旬为第二代幼虫孵化盛期，8 月中旬为其严重危害时期，8 月下旬为化蛹盛期，第二代成虫羽化后于 9 月中旬开始迁移越冬，10 月上旬迁移完毕。在东北地区，越冬代成虫春季出现稍迟，秋季进入越冬期较早。

成虫在白天活动危害，由上午 10 时到下午 4 时最活跃，早晚蛰伏。晴天高温时飞翔活动能力强，阴雨刮风时很少活动，有假死习性，寿命较长，有较强的耐饥力。卵产于叶背，20～30 粒集成卵块，直立于叶背。幼虫共 4 龄，二龄后分散危害，老熟后在茎叶上或杂草、地面上化蛹。

马铃薯瓢虫的发生与气象条件有密切关系。冬季严寒，积雪少，越冬成虫死亡多。夏季高温干燥可抑制产卵和卵的孵化，对其生长发育和繁殖不利。

【防治方法】 向日葵田一般零星发生，可在防治其他害虫时予以兼治或人工捕杀。发生严重的马铃薯田、菜田可采取如下捕杀成虫，处理有虫残株，摘除卵块和施用药剂等防治措施。

1. 人工捕杀　在冬、春季节查找成虫越冬场所，集中捕杀越冬成虫。在田间大发生时期，利用成虫假死习性，在上午 10 时以前或下午 4 时以后，拍打植株，使虫坠落，收集杀死。在成虫产卵时期，查找并摘除卵块。要清除田块周围的茄科杂草。收获后及时处理残株，消灭残留在植株上的虫体

2. 药剂防治　在越冬代成虫发生期至第一代幼虫孵化盛期喷药，虫卵多产于叶背，叶背面不要漏喷。供选择的药剂有 90％晶体敌百虫 1 000～1 500 倍液，50％敌敌畏乳油 1 000 倍液，50％辛硫磷乳油 2 000 倍液，45％马拉硫磷乳油 1 000 倍液，2.5％溴氰菊酯（敌杀死）乳油 3 000 倍液，2.5％三氯氟氰菊酯（功夫）乳油 4 000 倍液，5.7％氟氯氰菊酯（百树得）乳油 3 000～4 000 倍液，5％氯氰菊酯乳油 3 000～4 000 倍液等。

五、白条芫菁

白条芫菁又名豆芫菁或锯角豆芫菁，是芫菁类害虫中分布广而危害较重的一种。寄主植物除了大豆和其他豆科植物外，还有马铃薯、番茄、茄子、辣椒、蕹菜、苋菜、甜菜、棉花、桑、曼陀罗等。邻近豆田的向日葵田间常见，通常危害不重。

【危害特点】 成虫取食叶片、嫩茎和花瓣，将叶片吃成孔洞、缺刻，严重的仅剩网状叶脉。幼虫不危害植物。

【形态特征】 白条芫菁属鞘翅目，扁甲总科，芫菁科。学名为 *Epicauta gorhami* Marseul，有成虫、卵、幼虫、蛹等发育阶段（图 30）。

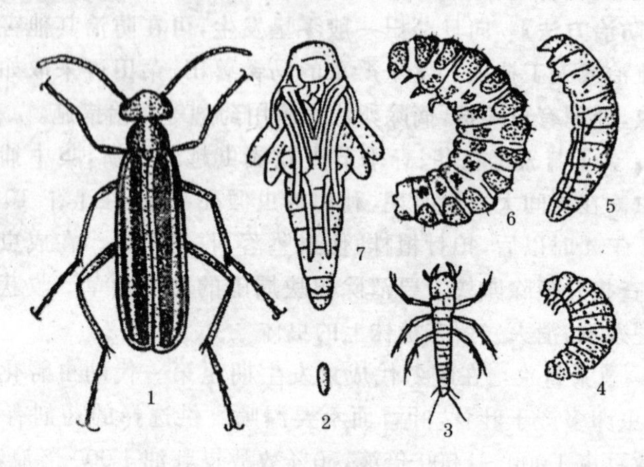

图 30 白条芫菁

1. 成虫 2. 卵 3. 一龄幼虫 4. 二龄幼虫
5. 五龄幼虫（拟蛹） 6. 六龄幼虫 7. 蛹

1. 成虫 体长 15～18 毫米。头部略呈三角形，红色，但触角基部有 1 对黑瘤，复眼及其内侧黑色。雌虫触角丝状，雄虫触角第三至第七节扁而宽,栉齿状。胸、腹部均为黑色。前胸背板中央以及每个鞘翅上都有 1 条纵行黄白色条纹。前胸两侧、鞘翅四周以及腹部各节的后缘都丛生灰白色绒毛(彩照 156)。

2. 卵 椭圆形,长 2.5~3.0 毫米,宽 0.9~1.2 毫米。初产时乳白色,后变黄白色,表面光滑。卵组成菊花状卵块。

3. 幼虫 复变态,共 6 龄,各龄幼虫形态不同。一龄幼虫衣鱼型,深褐色,3 对胸足发达,末端有 3 个爪,行动活泼敏捷。二龄、三龄和四龄幼虫蛴螬型,腹部 8~10 节,胸足较长,但活动不灵活,体表多刺毛。五龄幼虫为不活动的伪蛹(拟蛹),全体包被一层薄膜,光滑无毛,胸足退化,成为乳头状突起,腹部 9 节。六龄幼虫又为蛴螬型。

4. 蛹 体长 15.4 毫米,头宽 2.8 毫米,体黄白色,复眼黑色。前胸背板侧缘及后缘各生有长刺 9 根。1~6 腹节后缘各生有刺 1 排,左右各 6 根,7~8 腹节的左右各生刺 5 根。翅芽达腹部的第三节。

向日葵田所见芫菁还有中华豆芫菁(*Epicauta chinensis*),红头黑芫菁(*Epicauta sibirica*)等。中华豆芫菁成虫全体黑色,仅头部两侧后方红色,额中间有 1 块红斑,前胸背板中间有白色纵纹 1 条。红头黑芫菁成虫头部除触角基部有 1 对黑瘤以及复眼内侧为黑色外,其余部分红色,躯体和足黑色。依据上述特点,易与白条芫菁区分。

【发生规律】 白条芫菁在河北、河南、山东等地每年发生 1 代,在湖北等地每年发生 2 代,均以五龄幼虫(伪蛹)在土中越冬,翌年春暖后蜕皮发育成六龄幼虫,然后再化蛹。1 代区于 6 月中旬化蛹,6 月下旬至 8 月中旬为成虫发生和危害期,在大豆开花前后危害最重。2 代区第一代成虫于 5~6 月间出现,集中危害早播大豆,以后转害其他作物。第二代成虫于 8 月中旬左右出现,10 月上旬以后发生数量逐渐减少。

成虫白天活动，中午最盛。成虫性好斗，爬行力强，有群集取食习性，中午气温较高时常成群迁飞，但飞行力不强。成虫受惊扰后迅速逃避或坠落地下藏匿，并从足的腿节末端分泌出一种含芫菁素的黄色液体，若触及人体皮肤，能引起红肿发泡。

成虫羽化后 4～5 天开始交配，交配后雌成虫继续取食一段时间，然后到地面用口器和前足挖一斜形土穴产卵。此种土穴口窄内宽，卵产于穴底，每穴产卵 70～150 粒，卵块菊花状排列。卵期 18～21 天，孵化后的幼虫爬出土面，行动敏捷，分散寻找蝗虫卵及土蜂巢内的幼虫为食，遇敌则腹部向下卷曲假死。若寻找不到食料，10 天左右即可死亡。幼虫有互相残杀习性。幼虫共 6 龄，仅一龄至四龄取食。在北京地区从一龄到四龄历期 12 天～27 天，五龄幼虫（伪蛹）历期最长，达 292～298 天，在土中越冬，六龄幼虫历期 9～13 天。蛹期 10～15 天。

【防治方法】 冬季深翻土地，杀死越冬的伪蛹，或使之暴露于土面，冻死或被天敌吃掉。在成虫发生期，可利用成虫群集危害的习性，用捕虫网捕杀。在成虫发生期还可喷布 90%晶体敌百虫 1 000～1 500 倍液，2.5%溴氰菊酯（敌杀死）乳油 3 000 倍液，2.5%三氯氟氰菊酯（功夫）乳油 4 000 倍液等。

六、双斑萤叶甲

双斑萤叶甲是农作物的重要害虫，我国南北各省都有分布，以西北、华北和东北发生较多。向日葵田常有发生，局部田块较重。豆类、玉米、谷子、马铃薯、棉花、蔬菜等作物受害较重。在新疆的北疆棉区，双斑萤叶甲是重大新害虫。

【危害特点】 成虫取食叶肉，残留下网状叶脉或将叶片吃成孔洞。成虫还咬食玉米花丝，高粱、谷子的花药以及刚灌浆的嫩粒。幼虫危害轻，仅啃食某些植物的根部。

【形态特征】 双斑萤叶甲鞘属于鞘翅目，叶甲总科，叶甲科，萤叶甲亚科，学名 *Monolepta hieroglyphica* Weise。该虫有成虫、卵、幼虫、蛹等4个发育阶段。

1. 成虫　长卵圆形，体长3.5～4.0毫米。触角11节，丝状，灰褐色，端部色黑。头、胸红褐色，鞘翅基半部黑色，上有2个淡色斑，斑前方缺刻较小，鞘翅端半部黄色。胸部腹面黑色，腹部腹面黄褐色，体毛灰白色(彩照157)。

2. 卵　椭圆形，长0.6毫米，初棕黄色，表面具近正六角形网状纹。

3. 幼虫　体长6～9毫米，黄白色，表面具排列规则的毛瘤和刚毛。前胸背板骨化色深，腹部末端有铲形骨化板。老熟化蛹前，体粗而稍弯曲。

4. 蛹　纺锤形，长2.8～3.5毫米，宽2毫米，白色，表面具刚毛。触角向外侧伸出，向腹面弯转。

【发生规律】 北方1年发生1代，以卵在土壤中越冬。翌年5月份越冬卵开始孵化，出现幼虫。幼虫在土壤中活动，有三龄，幼虫期约30天。成虫7月份初开始出现，一直延续至10月，7～8月份为危害盛期。成虫羽化后20余日即行交尾产卵。少雨干旱年份发生较重。

成虫羽化后先栖息在杂草上，取食叶片，约半个月后转移至大田危害。成虫有群集性和弱趋光性，飞行力弱。早、晚气温低于8℃时，或在大风、阴雨等不良条件下，躲藏在植株根部或枯叶下。上午9时至下午5时，气温高于15℃时成虫活跃。日光强烈时常隐藏在植株下部叶片背面或花穗中。卵产于土壤缝隙中，散产或数粒黏在一起。幼虫生活在3～8厘米深的土壤中，多靠近根部，喜取食禾本科植物的根。老熟幼虫做土室化蛹。蛹期7～10天。

【防治方法】 防治双斑萤叶甲要及时铲除田边、地埂、沟边杂草，秋季耕翻灭卵。向日葵田发生不多时，可在田边人工扫网捕杀,或在施药防治其他害虫时予以兼治。发生较重时,可在成虫盛发期,产卵之前喷施20%氰戊菊酯乳油2000～3000倍液,50%辛硫磷乳油1500倍液等杀虫剂。

七、大猿叶虫

大猿叶虫分布广泛,是十字花科蔬菜和油菜的重要害虫,向日葵田经常见到,仅零星发生,危害叶片和花瓣。

【危害特点】 成虫和幼虫蚕食叶片,初孵幼虫仅啃食叶肉和一面表皮,大龄幼虫和成虫咬成孔洞和缺刻,严重的仅残留叶脉。

【形态特征】 大猿叶虫属于鞘翅目叶甲总科叶甲科,学名*Colaphellus bowringi* Baly,生活史有成虫、卵、幼虫和蛹等虫期。

1. 成虫 体长4.5～5.2毫米,椭圆形,暗蓝黑色。前胸背板宽是长的2倍或小于2倍。小盾片三角形,光滑无刻点。鞘翅上不规则散生大而深的刻点。后翅发达,能飞翔(彩照158)。

2. 卵 长1.5毫米,长椭圆形,橙黄色。

3. 幼虫 老熟时体长7.5毫米,身体灰黑色,稍带黄色。头部漆黑色,有光泽。各体节有大小不一的肉瘤20个,气门下线和基线上的最显著,瘤上有刚毛,不明显。

4. 蛹 长6.5毫米,卵圆形,黄褐色,略被刚毛,尾端分叉。

【发生规律】 大猿叶虫在北方1年发生2代,长江流域发生2～3代,华南5～6代,在北方以成虫在土缝中、石块下、枯叶下越冬,5厘米土层中最多。南方冬季较温暖,成虫仍可取食活动。每年3～5月份和9～10月份为两个严重危害时期。成虫白天活动,晴天更活跃,早、晚隐蔽,耐饥力强,有假死习性,不善飞翔,无趋光性。夏季高温期潜入土壤中夏眠,待平均温度降低到27℃以下后,又出土危害。成虫多产卵于根际土表和土缝中,卵成堆,排列不整齐。幼虫4龄,昼夜取食,也有假死习性,受惊动后还分泌黄色液体。幼虫老熟后在土缝中、石块下、枯叶下化蛹。

【防治方法】 清洁田园,清除杂草和残株落叶,减少成虫越冬滋生场所。可利用猿叶虫的假死习性,人工捕捉。喷药防治其他害虫时,可兼治本虫,不需另行喷药。若发生较重,也可单独喷施有机磷或菊酯类制剂。

八、斑须蝽

斑须蝽分布在全国各地,为多食性害虫,向日葵田零星发生,局部地块较重,主要寄主有小麦、大麦、水稻、玉米、豆类、棉花、蔬菜、果树等,近年有加重发生的趋势。

【危害特点】 成虫和若虫刺吸嫩叶、嫩茎及穗部汁液。茎叶被害后,出现黄褐色斑点,被害叶片易破碎。

【形态特征】 斑须蝽属于半翅目,蝽总科,蝽科,蝽亚科,学名 *Dolycoris baccanum* (L.),生活史有成虫,卵,若虫等阶段。

1. 成虫 体长 8～12.5 毫米,宽 4.5～6 毫米,椭圆形,黄褐色或紫褐色,密被白绒毛和黑色小刻点。触角 5 节,黑白相间,喙细长,紧贴于头部腹面。前胸背板前侧缘具淡白色边,后部暗红色。小盾片末端钝而光滑,黄白色。翅的革片红褐色或紫褐色,腹部各节侧缘黄黑相间(彩照 159,图 31)。

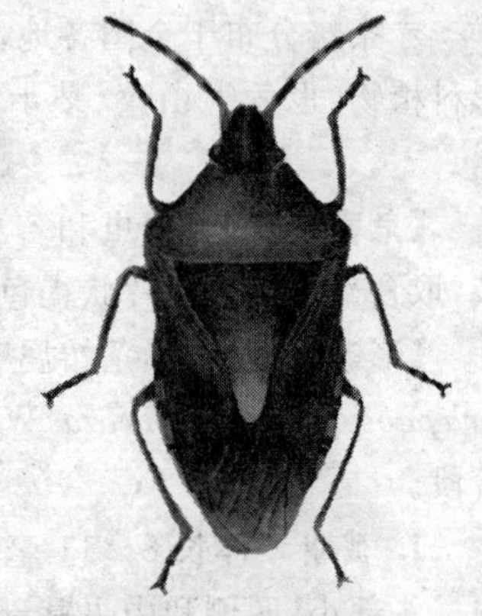

图 31 斑须蝽成虫
(仿齐国俊,仵均祥)

2. 卵 桶形,长约 1 毫米,肉粉色,卵壳有网状花纹,密生小刺。一个卵块有卵 50 余粒。

3. 若虫 共 5 龄。1 龄若虫近圆形,体长约 2.2 毫米,头部、触角、胸部、足黑色，腹部淡黄色，周缘黑色。末龄若虫暗灰褐色，腹部边缘有5个半圆形黑斑(彩照160)。

【发生规律】 1年发生1～4代，因地而异，后期世代重叠。以成虫在植物根际、枯枝落叶下、树皮裂缝中等隐蔽场所越冬。在黄淮流域，3月下旬至4月上旬成虫开始活动，4月中下旬交尾产卵，4月下旬至5月上旬孵化出第一代若虫，第一代成虫于6月上旬羽化。第二代发生于6月下旬至9月中旬，第三代发生于7月中旬。至10月上中旬陆续越冬。

成虫有较强的迁移和飞翔能力，卵多产在叶片或花蕾上，多行整齐排列。初孵若虫群集，二龄后分散危害。成虫及若虫有恶臭。

【防治方法】 虫口较少时，可在防治其他害虫时予以兼治。发生较多时，可人工捕捉，摘除卵块，喷施有机磷或菊酯类杀虫剂。

九、赤条蝽

赤条蝽分布于全国各地，寄主多，喜食茴香、芹菜、胡萝卜等伞形科植物，也危害白菜、萝卜、葱、洋葱等蔬菜。向日葵田零星发生。

【危害特点】 成虫和若虫以针状口器插入嫩叶、花蕾吸食汁液，取食部位出现点片状褐色小斑。受害植株生长衰弱。

【形态特征】 赤条蝽属于半翅目，蝽总科，蝽科，蝽亚科，学名 *Graphosoma rubrolineata* Westwood，生活史有成虫，卵，若虫等阶段。

1. 成虫 体长8～11毫米，黑色，体背有明显的橙红色纵条纹。头部小，两侧和中央基部红色，复眼红色，其他部位黑色。触角5节，基部两节红黄色，其余棕褐色。喙黑色，基节黄褐色。前胸背板宽，有5条橙红色纵纹。小盾片大，直至腹部末端，中部有3条橙红色纵纹。前翅由爪片、革片与膜片组成，后翅膜质，前翅革片与后翅基部橙红色，其余部分都为黑色。在侧缘背腹板结合处常有红橙色的斑纹。腹面橙红色，有 8 条小而不规则的黑点纵列。足棕黑色，腿节有红色斑纹（彩照 161，图 32）。

2. 卵　长约 1 毫米，桶形。初期乳白色，后变浅黄褐色，卵壳上被有白色绒毛。

3. 若虫　末龄若虫体长 8～11 毫米，体色、斑纹与成虫相似，无翅，仅有翅芽，翅芽达腹部第三节，侧缘黑色，各节有橙红色斑。

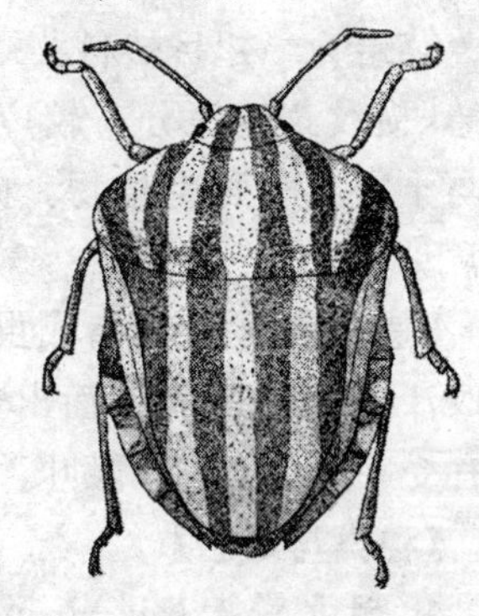

图 32　赤条椿成虫

【发生规律】　在黄淮流域每年发生 1 代，以成虫在土壤中、地面枯枝落叶层下与杂草丛中越冬。5 月上旬成虫开始活动，5 月中旬至 8 月上旬产卵，若虫于 5 月下旬至 8 月中旬出现，成虫于 7 月上旬开始陆续羽化。6 月至 8 月危害重。成虫于 10 月中旬以后陆续进入越冬。

成虫不善飞翔，爬行迟缓，畏阳光。多在上午 9 时以前和傍晚危害与交配，产卵于叶片和嫩果上。在胡萝卜制种田，卵多产于种花背面的小枝梗上。卵聚产，排列成整齐的卵块。初孵若虫群集，二龄以后分散危害。成虫及若虫的臭腺发达，遇敌时即放出臭气。

【防治方法】

1. 栽培防治　收获后，清除田间枯枝落叶和杂草；秋季或冬季深翻，减少越冬虫源；在成虫产卵期，人工扑虫摘卵。

2. 药剂防治　在卵孵化盛期，喷施 1%阿维菌素乳油 2 000 倍液。成虫和若虫危害期喷施 21%增效氰马乳油（灭杀毙）4 000 倍液，2.5%溴氰菊酯乳油 3 000 倍液，或 20%杀灭菊酯乳油 3 000 倍液等。

十、菜 蝽

菜蝽为半翅目蝽科菜蝽属害虫，国内发生十余种，其中河北菜蝽，横纹菜蝽等分布较广泛，主要危害各种十字花科蔬菜、油菜与十字花科野生植物。向日葵田零星发生，菜区种植的向日葵常见。

【危害特点】 菜蝽成虫和幼虫用其刺吸式口器，从植物体内吸取汁液，被害叶片表面出现多数黄白色至黑褐色小斑点。幼嫩器官受害最重，子叶、嫩叶、嫩茎、花蕾受害后变黄枯死。

【种类与形态】

1. 河北菜蝽 *Eurydema dominulus* **(Socopoli)**

(1)成虫　椭圆形，体长 6～8 毫米，体色橙红或橙黄，有黑色斑纹。头部黑色，侧缘橙红。前胸背板上有 6 个大黑斑，略成两排，前排 2 个，后排 4 个。小盾片基部有 1 个三角形大黑斑，近端部两侧各有 1 各较小黑斑，小盾片橙红色部分成“Y”形。前翅爪片和革片内侧黑色，中部有宽横黑色带，近端角处有较小黑斑。腹部下侧区有 2 对黑斑(彩照 162，图 33)。

(2)卵　鼓形，初乳白色，后变灰白色，孵化前灰黑色。

(3)若虫　外形与成虫相似，虫体与翅芽均有黑色与橙红色斑纹。

2. 横纹菜蝽 *Eurydema gebleri* **(Kolenati)**

(1)成虫　椭圆形，体长 6～9 毫米。头部黑色，边缘橙黄色。前胸背板有 6 个黑色斑，前排 2 各，略成三角形，后排 4 个(或连接成 2 个)，黑斑占据大部面积，使橙黄色部分略成“工”字形斑纹。小盾片黑色，有“Y”形橙黄色纹。前翅革片黑色，前缘黄色，端部有 1 个黄色横斑。腹部体下黄色，各节中央和侧沿各有 1 对黑斑(彩照 163，图 34)。

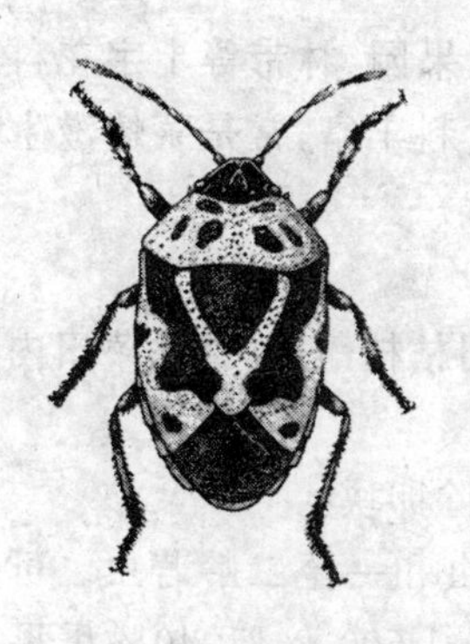

图 33　河北菜蝽成虫

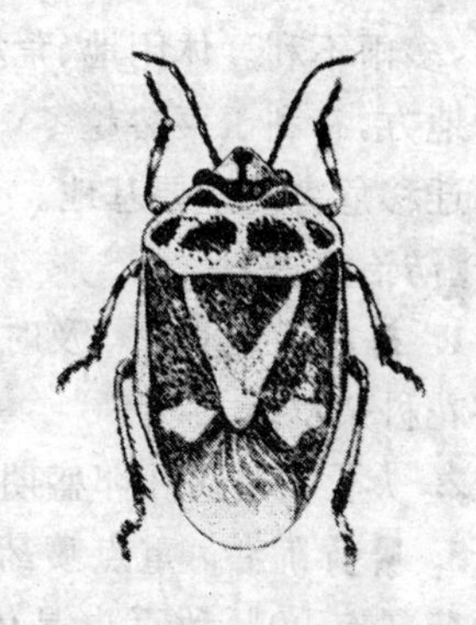

图 34　横纹菜蝽成虫

(2)*卵*　圆柱形,高约 1 毫米,污白色,两端有黑圈,中部有一黑色圆斑。

(3)*若虫*　共 5 龄,老熟若虫体长 5 毫米左右,类似成虫,但无翅(彩照 164)。

【发生规律】　每年发生 1～2 代或 2～3 代,因种类和发生地区而异。成虫多在田内或田外的枯叶下、石块下、土缝里越冬。翌年 4 月份开始活动,取食发芽早的野生十字花科植物,以后陆续迁移到蔬菜或其他寄主作物田间危害,5 月份交配产卵。5 月下旬第一代若虫盛发,6 月中旬成虫盛发。秋末第二代或第三代成虫潜伏越冬。

菜蝽趋嫩、喜光,多在植株幼嫩部位和阳光照射的枝叶上取食和交配。成虫早晚栖息在植株上,中午活跃,善飞,有假死习性,受惊后坠地。成虫寿命较长,产卵期也长,可多次交配,多次产卵。卵多产于植株中下部叶片上,但第一代卵也产于地面或枯草上。卵聚产,成卵块。幼龄若虫群集,取食量小,不甚活动,以后逐渐分散活动,食量增长。

菜蝽发生的适宜温度为 16℃～32℃,适宜相对湿度 30%～

80%,多雨不利。休闲地、荒坡、渠岸、果园、林带等十字花科杂草多的地方,有利于菜蝽越冬,且早春食料丰富,常是菜蝽滋生和向农田迁移危害的重要基地。

【防治方法】

1. 搞好田间卫生 及时清除田间枯枝落叶,铲除菜田内外的十字花科杂草。

2. 人工除虫 在卵盛期,人工摘除卵块。

3. 喷药防治 重点喷药防治成虫和一至二龄若虫。可供选用的药剂有90%敌百虫晶体1 000~1 500倍液,40%乐果乳油1 000~1 500倍液,2.5%溴氰菊酯(敌杀死)乳油3 000~4 000倍液,20%氰戊菊酯3 000~4 000倍液,2.5%三氯氟氰菊酯(功夫)乳油3 000~4 000倍液等。

十一、盲　蝽

半翅目盲蝽科害虫种类较多,食性杂,分布广泛,是多种农林作物的重要害虫。在常见的种类中,绿盲蝽严重危害豆类、苜蓿、马铃薯、向日葵、棉花、果树、禾本科作物等。牧草盲蝽主要危害棉花、苜蓿、胡麻、向日葵等。苜蓿盲蝽主要危害苜蓿、胡麻、豆类、马铃薯、谷类、向日葵、蔬菜等。赤须盲蝽分布于西北、东北、华北等地,主要危害棉花、禾本科作物、甜菜、大豆、向日葵、牧草和饲料作物等。

【危害特点】 盲蝽的成虫和若虫的口器刺入植物幼芽、嫩叶、嫩茎、花蕾等部位,吸取汁液。叶片被刺吸处出现黄白色小斑点,后变黑褐色,随叶片生长成为不规则的小孔洞,幼芽、嫩茎、花蕾被害后易枯死。

【种类与形态】 盲蝽属于半翅目,盲蝽总科,盲蝽科,生活史中有成虫、卵和若虫等虫期。成虫体小型,纤细,触角4节,无单眼，前胸背板前缘常有横沟划分出一个狭窄区域，称为领片，其后有 2 个低的突起，称为胝。前翅分为革区、楔区、爪区、膜区等四个部分，膜区脉纹围成一大一小两个封闭小室。依据这些特征易与其他蝽类区分。

1. 绿盲蝽 *Lygus lucorum* **(Meyer-Dür)**

虫体长 5～5.5 毫米，体绿色。头宽短，眼黑色，位于头侧，触角短于身体，第二节最长，基部两节绿色，端部两节褐色。前胸背板绿色，领片显著，浅绿色；小盾片黄绿色。前翅革区、爪区均绿色，革区端部与楔区相接处略呈灰褐色，楔区绿色，膜区暗褐色。足绿色，腿节膨大，后足腿节末端有褐色环，胫节有小刺，跗节 3 节，末端黑色，爪黑色(彩照 165，图 35)。

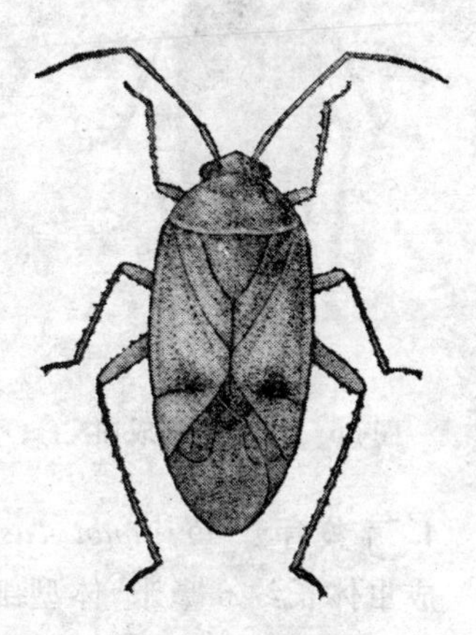

图 35　绿盲蝽成虫

2. 牧草盲蝽 *Lygus pratensis* **(L.)**

成虫体长约 6 毫米，宽约 3 毫米，体浅绿色，头部短三角形，复眼黑褐色，向两侧突出。前胸背板中央具 2 个黑色小纵条，后缘有 2 个黑斑。小盾片淡黄绿色，中央有黑褐色凹陷，三角形，前翅有多个条状黑斑(彩照 166，图 36)。

3. 苜蓿盲蝽 *Adelphocoris lineolatus* **(Goeze)**

成虫体长 7.5～9 毫米，宽 2.3～2.6 毫米，黄褐色，被细毛。头顶三角形，褐色，复眼扁圆，黑色，触角细长。前胸背板有黑色圆斑 2 个或不清楚。小盾片突出，有黑色纵带 2 条。前翅黄褐色，前缘具黑边，膜片黑褐色。足细长，股节有黑点，胫节基部有小黑点(图 37)。

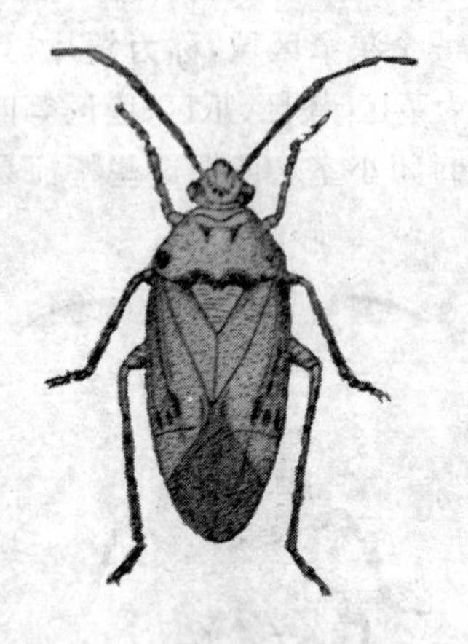

图 36　牧草盲蝽成虫

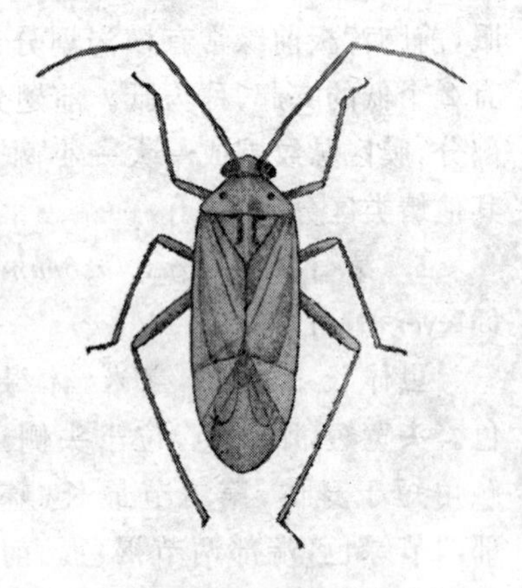

图 37　苜蓿盲蝽成虫

4. 赤须盲蝽 *Trigonotylus ruficornis* (**Geoffroy**)

成虫体长约 6 毫米，体型细长，绿色。头部略成三角形，顶端向前方突出，头顶中央有一纵沟。触角 4 节，红色，等于或略短于体长，1 节粗短，2～3 节细长，4 节短而细。前胸背板略呈梯形，小盾板三角形。前翅革区绿色，膜区白色，半透明，长度超过腹端。后翅白色透明。足黄绿色，胫节末端和跗节淡红色，跗节末端黑色，跗节 3 节，第一节长度超过 2、3 节之和。爪黑色（彩照 167）。

【发生规律】 绿盲蝽在北方 1 年发生 3～4 代，长江流域 4～5 代，有世代重叠现象。以卵在受害植物茎秆、残茬或土壤缝隙中越冬。春季卵孵化，相继发育成若虫与成虫，危害多种作物。成虫飞行力强，喜食花蜜，非越冬代成虫多产卵在嫩叶主脉、叶柄、嫩茎或嫩蕾等植物组织内，外露黄色卵盖。

牧草盲蝽在我国北方 1 年发生 2～4 代，以成虫在枯枝落叶、浅层土壤、田边杂草、树皮裂缝等处越冬。越冬成虫于 3 月中旬至 4 月中旬，平均气温达 9℃时开始取食并产卵。若虫和成虫相继危害多种植物。

苜蓿盲蝽每年发生3～5代，以卵在苜蓿与其他寄主作物茎秆或根茬中越冬。翌年春季4～5月份，当日均温达到19℃后越冬卵孵化出若虫，5月份第一代成虫出现，以后陆续发生后续各代，世代重叠。喜集聚在植株顶端的幼嫩部分吸吮汁液，受害嫩梢多枯萎。成虫在作物茎秆上啄成小孔，然后将卵产于其中，每孔产入1粒卵，卵插入组织内，卵盖微露在外。夏季各代成虫多在植株上部产卵，秋季则常在茎秆下部产卵。

赤须盲蝽在华北1年发生3代，以卵在杂草茎、叶上越冬。4月下旬越冬卵开始孵化，5月上旬进入盛期，成虫5月中旬开始出现。第二代成虫在6月下旬出现，第三代成虫在7月下旬出现，有世代重叠现象。成虫白昼活跃，傍晚和清晨不甚活动，阴雨天隐蔽在植物中下部叶片背面。雌虫多在夜间产卵，多产于叶鞘上端。每雌每次产卵5～10粒，卵粒排成1排或2排。初孵若虫常群集叶背取食危害。

【防治方法】　通常以主要危害作物为重点，采取综合防治措施，包括彻底清除残株和杂草，减少越冬虫源，人工捕杀成虫，以及喷布有机磷或菊酯类药剂等。有效药剂有5%吡虫啉乳油1 000～1 200倍液，4.5%高效氯氰菊酯乳油2 000～2 500倍液，2.5%三氯氟氰菊酯（功夫）乳油2 000～3 000倍液等。

十二、粟缘蝽

粟缘蝽分布于全国各地，在西北和华北发生较多。食性杂，主要危害谷子、糜子，也危害向日葵、玉米、高粱、水稻、烟草、麻类和蔬菜等作物。

【危害特点】　成虫和若虫在幼嫩叶片上吸取汁液，并分泌褐色琥珀状黏液，受害叶片皱缩，严重时枯死。粟缘蝽还群集在谷子或高粱穗部吸食穗部汁液，造成秕粒。

【形态特征】 粟缘蝽属半翅目，缘蝽科，学名 *Liorhyssus hyalinus*（Fabricius），有成虫、卵、若虫等发育阶段。

1. 成虫 体型较窄，两侧缘略平行，体长 7 毫米，黄褐色，杂有黑红色不规则小斑点。头较前胸的前缘窄，向前突出。复眼大，黑红色，向两侧突出。触角 4 节，褐色，第一节短，中部膨大有黑斑，第四节最长，棍棒状。前胸背板梯形，前缘有一横沟，其前后均有 1 条黑色横纹。小盾片三角形，密生细毛与刻点。翅长超过腹端，前翅脉纹明显，中脉末端有一正方形小室，膜质部分黑色，有多数无色脉纹。腹侧接合板淡黄色，上有黑色小点及长毛（彩照 168，图 38）。

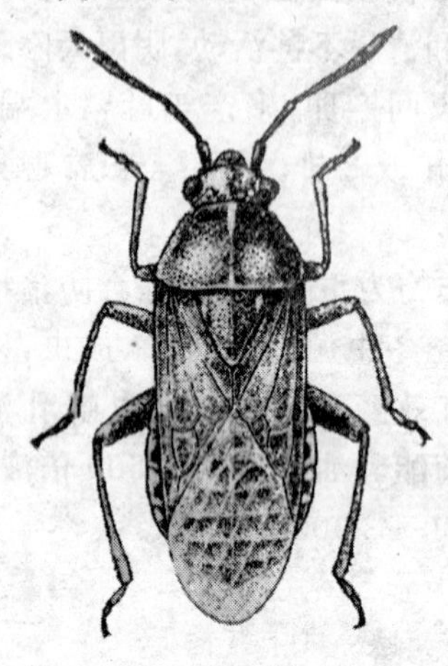

图 38　粟缘蝽成虫

2. 卵 椭圆形，长 0.8 毫米，初产时血红色，近孵化时变为紫黑色。每个卵块有卵 10 多粒（彩照 169）。

3. 若虫 共 6 龄。初孵时血红色，卵圆形，头部尖细，触角 4 节，较长，胸部较小，腹部圆大。五至六龄时腹部肥大，灰绿色，腹部背面后端带紫红色（彩照 170）。

【发生规律】 在华北每年发生 2～3 代，以成虫潜伏在杂草丛中，树皮下，墙缝内等处越冬。次年夏季成虫开始活动危害。夏、秋季为粟缘蝽盛发期，可转移多种寄主，持续危害。. 成虫行动敏捷，遇惊动后立即迅速钻入土块下或土缝中。产卵于谷穗的小穗间，每个雌虫产卵 40～60 粒，卵期 3～5 天。幼虫孵化后群集危害，若虫 6 龄，若虫期 10～15 天。

【防治方法】 首先要搞好谷子、糜子等主要寄主的防治，要种植避虫品种、早熟品种，清洁田园，铲除杂草，人工网捕成虫，喷施有机磷杀虫剂或菊酯类杀虫剂。

十三、大青叶蝉

大青叶蝉是重要的农林害虫，分布于南北各地，食性杂，危害多种农作物、蔬菜、果树、林木等。向日葵田常见，局部地区发生较重。

【危害特点】 大青叶蝉的成虫和若虫以刺吸式口器刺破叶片、茎秆等器官的表皮，从组织内吸食汁液，受害叶片褪绿变黄，有时溢出液体。严重时受害叶片畸形、卷缩、枯死。雌成虫产卵时用产卵器刺破向日葵叶柄、茎秆表皮，造成月牙形伤痕，致使叶柄或茎伤痕累累。另外，有人认为大青叶蝉可传播向日葵黑茎病菌，但尚需试验证实。

【形态特征】 大青叶蝉属于同翅目，叶蝉总科，叶蝉科，学名 *Tettigella viridis*(L.)，生活史有成虫、卵、若虫等虫期。

1. 成虫 雌成虫体长 9.4～10.1 毫米，雄虫体长 7.2～8.3 毫米，青绿色。头部颜面淡褐色，两颊微青，在颊区近唇基缝处左右各有一小黑斑。触角刚毛状，在触角窝上方两单眼间有 1 对黑斑，复眼绿色。前胸背板前半部淡黄绿色，后半部深青绿色。前翅革质，绿色，具青蓝色泽，翅脉青黄色，后翅膜质，烟灰色，半透明。腹部背面蓝黑色，两侧及末节色淡。胸、腹部腹面及足橙黄色，后足胫节有棱脊，上生 4 列刺状毛，刺基部黑色(彩照 171，图 39)。

2. 卵 长卵圆形，长 1.6 毫米，宽 0.4 毫米，中间微弯曲，一端稍细，表面光滑，白色微黄。

3. 若虫 有 5 龄，初孵化时头大腹小，乳白色，取食 2～6 小时后变灰黑色，二龄若虫头冠部有 2 个黑斑，三龄后体色变草绿色，出现翅芽，胸、腹部背面及两侧有 4 条暗褐色纵纹，四龄若虫出现生殖节片，头冠前部两侧各有一组淡褐色弯曲的横纹，足乳黄色;五龄若虫在足的第二跗节中间显出缺纹,似为3节(图39)。

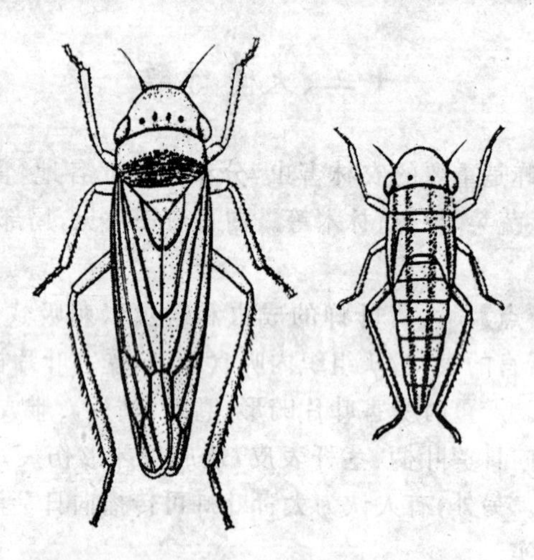

图39 大青叶蝉的成虫(左)和若虫(右)

【发生规律】 大青叶蝉每年发生的代数因地而异,在东北、内蒙古、甘肃、新疆等地1年发生2代,在黄淮流域1年发生3代,在南方发生4~5代,以卵在木本植物枝条、苗木的皮层内越冬。

翌年树木萌动时越冬卵孵化。初孵若虫群聚取食,孵出3天后转移到附近较矮小农作物或杂草上危害。成虫群集取食,并从尾端排泄透明蜜露,每日早、晚或低温时静止潜伏,有较强的趋光性和趋绿性。成虫经过1个多月的补充营养后才交尾产卵。雌虫产卵时先用锯状产卵器刺破寄主植物表皮,形成月牙形产卵痕(禾本科植物上为直线形),将卵成排产于组织内,再在卵痕表面覆盖一层白色分泌物。夏季多产卵于禾本科、豆科植物的茎干、叶鞘上。越冬卵产于果树、林木幼嫩枝条和主干上。

【防治方法】 各种重要草本或木本寄主应采用综合措施进行防治。主要防治措施有:铲除田边杂草,减少虫源;设置黑光灯,在成虫盛发期进行诱杀;在凌晨不活跃时进行网捕;在越冬卵孵化盛期和秋季转移树木产卵期等关键时期,喷施 90%敌百虫晶体 1 000～1 500 倍液,80%敌敌畏乳油 1 000～2 000 倍液,40.7%毒死蜱(乐斯本)乳油 1 500～2 000 倍液,20%氰戊菊酯乳油 2 000 倍液,10%氯氰菊酯乳油 2 000～3 000 倍液,3%啶虫脒(莫比朗)乳油 2 000～2 500 倍液,10%吡虫啉可湿性粉剂 2 000～3 000 倍液等。

十四、桃　蚜

栽培向日葵一向很少发生蚜虫,但编著者在调查中发现,也有些向日葵品种遭受桃蚜危害。鉴于蚜虫除了其本身的危害外,还传播多种重要植物病毒,仍需密切关注向日葵蚜虫发生动态。桃蚜又名烟蚜,为多食性害虫,已知寄主有 352 种,主要危害蔬菜、马铃薯、烟草和核果类果树等,分布于全国各地。

【危害特点】 成虫和若虫在叶片、嫩茎、花梗等部位吸食植物体内的汁液,并传播多种重要病毒。危害叶片时,多在叶片背面危害,严重时叶片变黄、皱缩。蚜虫分泌蜜露,诱发煤污病。

【形态特征】 桃蚜属于同翅目,蚜科,长管蚜亚科,学名 *Myzus persicae*(Sulzer),生活史很复杂,有多个虫态,最常见的是有翅胎生雌蚜和无翅胎生雌蚜。

1. 有翅胎生雌蚜 成蚜体长约 2 毫米,有翅。头部和胸部黑色,腹部淡绿色,背面有淡黑色斑纹。腹部第一节有 1 行横行的狭小横斑,第二节有 1 条狭窄的背中横带,腹节 3～6 节的横带汇合为一个背中大斑,7～8 节也各有 1 条背中横带。复眼红褐色,额瘤发达,向内倾斜,触角比身体稍短,仅第三节有 9～17 个感觉圈,排成 1 列。腹管深绿色,长圆柱形,末端缢缩。腹管长度约为尾片的 2 倍以上。尾片大,圆锥形,每侧有 3 根刚毛(图 40)。

2. 无翅胎生雌蚜 成蚜体长约2毫米，卵圆形，无翅。全体绿色，有时为黄色或樱红色。触角第三节无感觉圈。额瘤与腹管特征与有翅胎生雌蚜相同(彩照172，图40)。

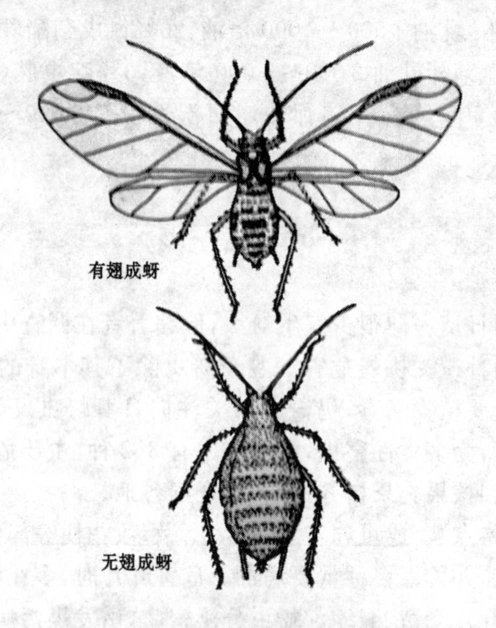

图40 桃 蚜

【发生规律】 桃蚜每年发生代数各地不同，在华北北部一年发生10余代，在南方发生30～40代不等，世代重叠严重。桃蚜有两种生殖方式，一种是两性生殖，另一种是孤雌胎生繁殖。每年秋季，约在10月中下旬至11月上旬，出现产卵雌蚜和雄蚜，在桃树上交配，产卵越冬。第二年春天，越冬卵孵化出无翅雌蚜，它们不经交配就生出雌性后代，这种繁殖方式称为"孤雌胎生"。孤雌胎生雌蚜通常无翅，有时则产生有翅胎生雌蚜，向其他寄主迁飞。

但是，桃蚜并非都要经过上述有性生殖阶段。在南方冬季温暖地区，桃蚜终年可在不同种类的寄主间辗转危害。在北方寒冷的冬季，桃蚜在棚室作物上胎生繁殖危害，成为翌年春季虫源。桃蚜还能以无翅胎生雌蚜在风障菠菜、窖藏大白菜上越冬。

桃蚜的发育起点温度为 4.3℃，最适温度为 24℃，高于 28℃则不利。在适宜的温湿条件下，繁殖速度很快，虫口数量迅速增长，高温、高湿不利于其发生，因而在多种寄主上，都是春、秋两季大发生，夏季受到抑制。微风有利于桃蚜的迁飞活动，暴风雨则有强烈的冲刷作用，可减少蚜口数量。桃蚜在高燥地块比低洼地块发生重，田间施用氮肥多，叶片柔嫩时发生也重。桃蚜对黄色有强烈的趋性，而对银灰色则有负趋性。桃蚜的主要天敌有瓢虫、草蛉、蚜茧蜂、食蚜瘿蚊、食蚜蝇和蚜霉菌等，天敌多时能大大减少蚜口数量。

【防治方法】 桃蚜的防治应侧重主要寄主，加强监测，全面实施。

1. 栽培防治 收获后及时清理田间残株败叶，铲除杂草。根据当地蚜虫发生情况，合理确定定植时期，避开蚜虫迁飞传毒高峰期。

2. 物理防治 在有翅蚜发生盛期，设置黄皿或黄色粘板诱蚜。黄板诱蚜的具体方法参见温室白粉虱。还可在距地面 20 厘米处架设黄色盆，内装 0.1%肥皂水或洗衣粉水，诱杀蚜虫。另外，还可悬挂银灰色薄膜条（10～15 厘米宽）避蚜，或利用银灰色遮阳网、防虫网覆盖栽培。

3. 药剂防治 防治蚜虫的药剂很多，应首先选用对天敌安全的杀虫剂，以保护天敌。蚜虫多集聚在心叶或叶背，喷药要力求周到，最好选择兼具触杀、内吸、熏蒸作用的药剂。50%抗蚜威可湿性粉剂 2 000～3 000 倍液喷雾效果好，不杀伤天敌。气温高于 20℃，抗蚜威熏蒸作用明显，杀虫效果更好。其他有效药剂还有 2.5%联苯菊酯（天王星）乳油 2 500～3 000 倍液，2.5%三氯氟氰菊酯（功夫）乳油 3 000 倍液，20%甲氰菊酯（灭扫利）乳油 3 000 倍液，20%氰戊菊酯乳油3 000倍液，10%醚菊酯（多来宝）悬浮剂1 500～2 000倍液，10%吡虫啉可湿性粉剂2 500～3 000倍液，20%吡虫啉（康福多）浓可溶剂3 000～4 000倍液，70%吡虫啉（艾美乐）水分散粒剂8 000～10 000倍液，25%阿克泰水分散粒剂5 000～6 000倍液，1%阿维菌素乳油2 000倍液，0.5%藜芦碱醇溶液800～1 000倍液等。要注意同一类药剂不要长期单一使用，以防止蚜虫产生抗药性。

十五、白粉虱

白粉虱又称为温室白粉虱，是世界性大害虫，食性极杂，危害653余种植物，已成为蔬菜和观赏植物的重要害虫，向日葵田常见，局部地区严重。鉴于白粉虱可以传播植物病毒，需严密监测，及时防治。

【危害特点】 白粉虱的成虫和若虫吸食叶片汁液，受害叶片出现淡黄色斑点，后汇合成为形状不规则的黄色斑块，随后黄色斑块上又出现褐色坏死斑，严重的整叶变黄，萎蔫枯死（彩照173，174）。白粉虱传播植物病毒，还分泌蜜露，污染植株，诱发煤污病。

【形态特征】 白粉虱属于同翅目，粉虱总科，粉虱科，学名*Trialeurodes vaporariorum*（Westwood）。白粉虱有成虫、卵、若虫等虫期。若虫4龄，四龄若虫前半期活动取食，随后不再活动，以口针固着于植物叶片上，这被称为“蛹”或“蛹壳”。

1. 成虫 体长1.0～1.2毫米，身体淡黄色至黄色，翅膀正、反面覆盖一层白色蜡粉。触角丝状，6节，复眼哑铃状，口针细长。腹部第一节细缩成柄状，腹末尖削。前、后翅各有1条翅脉，前翅脉有分叉。雌性休息时两翅合拢平铺于体背，其腹部末端有一个三裂的产卵器。雄性休息时两翅合拢成屋脊状盖在腹背，腹末有一钳状生殖器（彩照175，176）。

2. 卵　长 0.20～0.25 毫米，宽 0.08～0.1 毫米，长椭圆形，基部有短柄。初产时淡黄绿色，孵化前变黑褐色，可见两红色眼点。

3. 若虫　椭圆形，扁平，淡黄色或淡绿色，透明（彩照 177，178），脱皮前身体隆起，透明度减弱，体表生长短不齐的丝状蜡质突起，周缘的蜡丝较长，尾端的 2 根蜡丝最长。末龄若虫体长 0.72～0.76 毫米，宽度和厚度 0.44～0.48 毫米（图 41）。

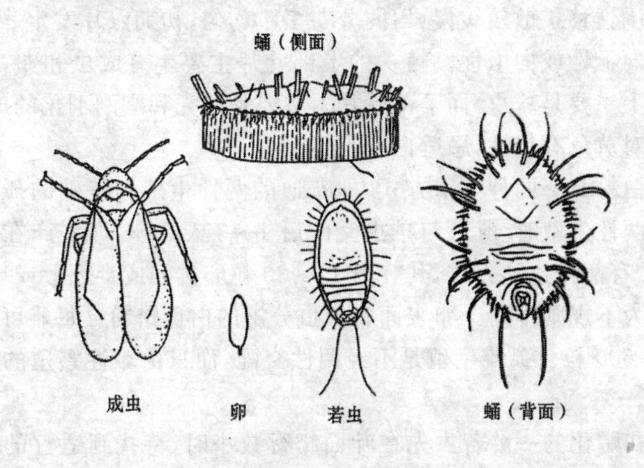

图 41　白粉虱

（仿沈阳农学院主编蔬菜昆虫学图）

4. 蛹　蛹壳白色至淡绿色，半透明，体长 0.70～0.80 毫米，椭圆形，较扁平。蛹壳边缘厚，蛋糕状，周缘排列有均匀发亮的细小蜡丝，体背有放射状长短不等的蜡丝 9～11 对，随着虫体的隆起，身体周围形成一垂直叶面的蜡壁，壁表面有许多纵向的皱褶。蛹壳内实际上是四龄若虫，成熟后冲破蛹壳下面的皿状孔飞出（图 41）。

【发生规律】　白粉虱在棚室中可周年发生，每年有 10～12

代，世代重叠严重。在我国北方，该虫不能在室外越冬，冬前由露地向温室、大棚等保护地设施内转移。翌年春季和初夏，再通过菜苗传带或成虫迁飞，从棚室内向露地作物转移，但虫口增长缓慢，直到7月份以后，虫口密度才迅速增多，危害加重。10月份以后，随着气温下降，虫口数量逐渐减少，并向棚室内转移。白粉虱还可随菜苗、花卉及苗木远距离传播。

成虫多在上午羽化，约取食半天后方可飞行，飞翔能力不强，向周围迁移扩散较缓慢，田间分布多不均匀，初期点片发生。成虫还有向上性或向嫩性。植株的上部叶片主要生有成虫和卵，中部叶片上主要是若虫，而下部叶片上主要是蛹壳和刚刚羽化的成虫。成虫对黄色有趋性，忌避白色、银灰色。

白粉虱有两种生殖方式，即普通的两性生殖和特殊的孤雌生殖。两性生殖时，雌虫与雄虫交配后1～3天产卵，卵多产在叶片背面，有两种排列方式，其一为15～30粒卵排列成半环形或环形，另一为不规则排列。卵表面有雌虫分泌的白色蜡粉。每雌可产卵300～600粒。孤雌生殖是不经两性交配，而只由雌性繁殖的生育方式。

初孵化的一龄若虫先在叶面爬行数小时，待找到适宜的取食场所后方固定取食，并蜕皮变为二龄若虫。以后各龄若虫均营固定生活，四龄若虫后期进入蛹壳。成虫羽化前，蛹壳的皿状孔开裂为T形裂口，成虫由裂口中钻出。

气温11℃～23℃(平均17℃)时，温室白粉虱卵期12天，若虫期18天，蛹期7天；气温16℃～27℃(平均21.5℃)时，卵期10.5天，若虫期11.5天，蛹期4天。成虫寿命在24℃约15～57天。

白粉虱是一种喜温害虫，成虫活动的最适温度是25℃～30℃，直到40.5℃时活动能力才明显下降，而在温度较低时即使受惊扰也不太活动。各虫态对0℃以下的低温耐受力弱，在北方露地不能越冬。该虫世代多，发育速度快，群体增长很快，由少量虫源就可造成严重危害。

【防治方法】

1. 栽培防治 发虫地区要及时清理和销毁各种寄主植物残体，铲除田间和温室内外的杂草，以减少虫源。要避免与白粉虱喜食的蔬菜接茬、混栽。要搞好白粉虱喜食的蔬菜、花卉等作物的防治，特别要防止虫体飞入棚室越冬，秋季用密度为24～30目的防虫网，全程覆盖育苗。棚室周围不种植白粉虱喜食的蔬菜，以减少成虫迁入棚室的机会。

2. 黄板诱虫 利用白粉虱的趋黄习性，将黄色板涂上机油，置于棚室或露地，诱杀成虫。黄板可用废旧纤维板或硬纸板，裁成1×0.2米的长条，用油漆涂成橘黄色，再涂上一层粘油（可用10号机油加少许黄油调匀）制成。每667米^{2}地块设置30余块黄板，插在行间，底部与植株顶端相平或略高。当粉虱粘满板面时，要及时重涂粘油。注意不要将油滴在植株上，以免造成烧伤。

3. 药剂防治 在点片发生阶段开始喷药，可先局部施药，要注意使植株中、上部叶片背面着药。因该虫发生不整齐，必须连续几次施药。供选药剂有10%噻嗪酮（扑虱灵）乳油1 000倍液（该药对粉虱有特效，持效期长，对天敌安全），25%噻嗪酮可湿性粉剂1 500～2 000倍液，2.5%联苯菊酯（天王星）乳油2 000～3 000倍液，21%增效氰马（灭杀毙）乳油4 000倍液，2.5%三氯氟氰菊酯（功夫）乳油3 000倍液，20%甲氰菊酯（灭扫利）乳油2 000～3 000倍液，2.5%溴氰菊酯（敌杀死）乳油2 000～3 000倍液，20%氰戊菊酯乳油2 000～3 000倍液，20%吡虫啉（康福多）浓可溶剂2 000～3 000倍液，10%吡虫啉可湿性粉剂2 000倍液，25%阿克泰水分散粒剂5 000～6 000倍液，50%辛硫磷乳油1 000倍液，50%马拉硫磷乳油1 000倍液，50%稻丰散（爱乐散）乳油1 000倍液，50%敌敌畏乳油1 000倍液，58%阿维·柴乳油3 000～4 000倍液，26%吡·敌畏乳油750～1 000倍液，1.8%阿维菌素乳油

2 000～3 000 倍液,或 40%阿维·敌畏(绿菜宝)乳油 1 000 倍液等。

十六、豌豆彩潜蝇

豌豆彩潜蝇又名豌豆潜叶蝇、油菜潜叶蝇,分布于南北各地,是一种多食性害虫,有 130 多种寄主植物,其中包括豆科、十字花科、菊科、葫芦科的多种蔬菜,尤其以豌豆、蚕豆、油菜、甘蓝、白菜、萝卜、花椰菜、莴苣等受害最重。向日葵田常见,危害不重。

【危害特点】 多危害向日葵幼苗的子叶和第一对真叶。幼虫潜叶蛀食叶肉,形成潜道,将叶肉吃光,仅剩两层表皮。豌豆彩潜蝇的潜道蛇形弯曲盘绕,末端变宽。潜道中有散生的颗粒状虫粪。幼虫停留在潜道末端化蛹,成虫羽化后方脱出潜道(彩照 179)。

【形态特征】 豌豆彩潜蝇属双翅目,潜蝇科,学名 *Chromatomyia horticola*(Goureau),有成虫、卵、幼虫和蛹等虫期(图 42)。

1. 成虫 暗灰色小蝇子,体长 2～3 毫米,翅展 5～7 毫米,疏生黑色刚毛。头部黄色,复眼红褐色,触角 3 节,触角芒着生在第三节背面基部。胸部、腹部及足灰黑色,但中胸侧板、翅基、腿节末端、各腹节后缘黄色,胸部有 4 对粗大的背鬃;翅透明,有彩虹样反光,前缘脉有一处间断。平衡棒淡黄色。

2. 卵 长约 0.3 毫米,长椭圆形,乳白色。

3. 幼虫 蛆状,老熟时体长约 3 毫米,乳白色,渐变淡黄色或鲜黄色,体表光滑透明。前气门 1 对,位于前胸近背处,成叉状,向前伸出。后气门在腹部末端背面,为 1 对明显的小突起,末端褐色。

4. 蛹 长椭圆形,略扁平,初黄色,后褐色、黑褐色。

【发生规律】 在辽宁每年发生 4～5 代,华北、西北发生 5 代,淮河流域 8～10 代,长江中下游 10～13 代,福建则发生 13～15 代。大致在淮河以北以蛹越冬,在长江以南,南岭以北以蛹越冬为

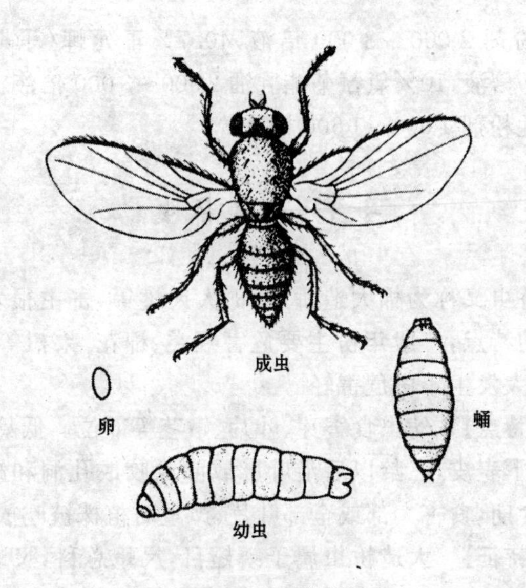

图 42　豌豆彩潜蝇

主，也有少数幼虫或成虫过冬，在华南可周年活动，无越冬现象。

成虫白天活动，夜间静伏，喜选择高大茂密的植株产卵，卵散产于叶背边缘的叶肉里，嫩叶和近叶尖处多，每雌可产卵 50～100 粒。幼虫蛀食叶肉，共 3 龄，老熟后在虫道末端化蛹。化蛹前将隧道末端表皮咬破，使蛹的前气门与外界相通。

据测定，全世代发育起点温度为 4.73℃，有效积温为 357.37℃，发育适宜温度范围为 18℃～26℃。在温度 16～20℃时，卵历期为 7～9 天，幼虫 8～10 天，蛹 9～10 天。在气温 22℃发育最快，超过 35℃不能生存，虫口密度急剧下降。

【防治方法】 收获后及时清除田间植株残体，铲除田内、田边杂草，以减少虫源。在成虫大量活动期和低龄幼虫阶段，适时进行药剂防治。可选用 1.8%阿维菌素(虫螨克)乳油 2 500～3 000 倍液，40%阿维·敌敌畏(绿菜宝)乳油 1 000～1 500 倍液，50%灭蝇胺可溶性粉剂 2 000～3 000 倍液，40.7%毒死蜱（乐斯本）乳油 800～1 000 倍液，10%氯氰菊酯乳油 2 000～3 000 倍液，或 10%吡虫啉可湿性粉剂 1 000～1 500 倍液等。

十七、大造桥虫

大造桥虫又称为棉大造桥虫、棉大尺蠖等，寄主很多，具有间歇性暴发的特点，一般年份主要危害豆类、棉花、果树等。向日葵田常见，非大发生年份危害轻。

【危害特点】 幼虫食害芽、叶片、嫩茎等部位。低龄幼虫取食叶肉，残留下表皮，三龄以后沿叶脉或叶缘咬成孔洞和缺刻，四龄后进入暴食期，食害大部或全部叶片，严重时植株被吃成光秆。

【形态特征】 大造桥虫属于鳞翅目，尺蛾总科，尺蛾科，学名 *Ascotis selenaria* (Schiffermuller et Denis)，生活史中有成虫、卵、幼虫、蛹等虫期。幼虫身体细长，腹部仅第六节和末节生有 2 对腹足，行动时虫体一屈一伸，屈曲时拱桥状，因此被称为“造桥虫”，休息时身体用腹足固定，斜向伸直，拟态为树枝状，不宜被发觉。

1. 成虫 体色多有变化，多为浅灰褐色的蛾子，体长 15～17 毫米，翅展 38～45 毫米。头部细小，复眼黑色，头、胸交界处有 1 列长毛。雌虫触角丝状，雄虫羽状，淡黄色。前翅外缘线由半月形点列组成，亚缘线、外横线、内横线为黑褐色波纹状，中横线较模糊。前翅和后翅上有 4 个暗褐色星状纹。后翅斑纹与前翅相同，并有条纹与之对应连接。

2. 卵 长椭圆形，长约 1.7 毫米，初产青绿色，孵化前灰白色。

3. 幼虫 体型细长，老熟时体长约 40 毫米。幼龄灰黑色，后变为青白色或黄绿色。头部黄褐色至褐绿色，头顶两侧各具一黑点。气门黑色，围气门片淡黄色。胸足 3 对，褐色，腹足仅有 2 对，分别着生于第六和第十腹节，黄绿色，端部黑色(彩照 180，图 43)。

4. 蛹　长约 14 毫米，黄褐色，尾端有臀刺 2 根。

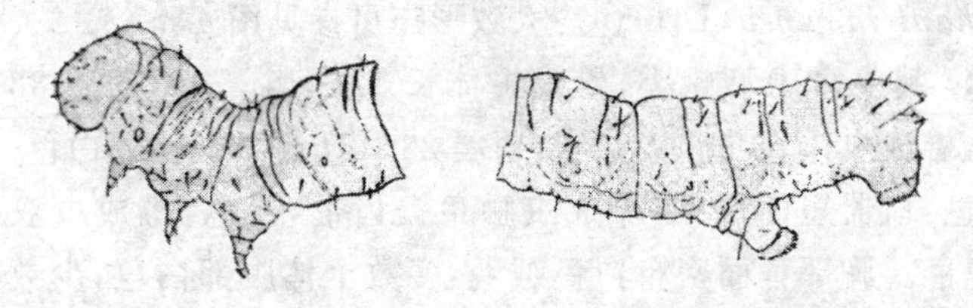

图 43　大造桥虫的幼虫

左：头部至腹部第一节　右：腹部第五节至第十节

【发生规律】　在长江流域一年发生 4～5 代，以蛹在土壤中越冬。各代成虫发生期分别在 6 月上中旬，7 月上中旬，8 月上中旬，9 月中下旬，以及 11 月上中旬。在辽宁于 6 月上旬至 8 月下旬可见到成虫。成虫昼伏夜出，趋光性强，飞翔力弱，卵多聚产在土缝中、土面上或草秆上，初孵幼虫可吐丝随风飘移。

【防治方法】　在成虫发生初期，用黑光灯、频振式杀虫灯，诱杀成虫；在幼虫三龄以前喷施有机磷或菊酯类杀虫剂。

十八、美国白蛾

美国白蛾又名美国灯蛾、秋幕毛虫，是世界性检疫害虫，国内仅分布于少数省市。美国白蛾取食三百余种植物，主要危害阔叶果树、经济林、行道树和观赏树木，也取食树木附近的农作物、花卉、杂草等，其繁殖力强，危害严重。在发生区，向日葵也严重受害，但尚不知是否能在向日葵上完成发育周期。

【危害特点】　一至二龄幼虫取食叶肉，只留下叶脉，整个叶片呈透明的纱网状，三龄幼虫开始将叶片咬成缺刻，四龄幼虫末食量大增，五龄后进入暴食期(彩照 181)。幼虫吐丝结网覆盖枝叶，形如天幕，群集其内食害叶片(彩照182)。

【形态特征】 美国白蛾属于鳞翅目，夜蛾总科，灯蛾科，学名*Hyphantria cunea*(Drury)。大致形态可参见图44。

1. 成虫 中型蛾类，雌成虫体长12～15毫米，翅展33～44毫米，雄成虫体长9～12毫米，翅展23～34毫米。体躯白色，复眼黑褐色，口器短而纤细，雌成虫触角锯齿形，褐色，雄成虫双栉齿形，黑色。胸部背面密布白色绒毛，多数个体腹部白色，少数个体腹部黄色，有黑点。非越冬代雌成虫的前、后翅白色，雄成虫仅前翅散生黑色小斑。越冬代成虫的前翅均散生不正矩形黑斑。

2. 卵 圆球形，直径约0.5毫米，初产时浅黄绿色或淡绿色，后变为灰绿色至灰褐色，表面密布小刻点。聚产，数百粒卵单层连片平铺于叶背，覆有雌虫白色体毛。

3. 幼虫 中型毛虫，老熟幼虫体长28～35毫米，头宽约2.7毫米。头部黑色，具光泽(称为黑头型)。前胸盾、前胸足、腹足外侧及臀盾黑色。胸、腹部颜色变化很大，普通型灰黑色，体背纵贯一条黑色宽带，侧面有不规则的灰色或黑色斑点。前胸至第八腹节每侧有7～8个毛瘤，第九腹节有5个，多为黑色或灰色，有的淡橘黄色，毛瘤上丛生白色混有黑褐色的长刚毛。另有黄色型和黑色型幼虫，前者虫体黄色，无黑色宽纵带，仅有黑色小型毛瘤，后者虫体全为黑褐色。美国白蛾幼虫腹足趾钩为单序异形中带，中间长趾钩9～14根，两端小趾钩各10～12根。

在美国还有红头型幼虫，头部橘红色，胸、腹部淡黄色，杂有灰色至蓝褐色斑纹，毛瘤橘红色，其上刚毛褐色而杂有白色。

4. 蛹 蛹体长8～15毫米，暗红褐色。头部和前、中胸背面密布细皱纹，后胸背面和各腹节上密布刻点。5～7腹节前缘和4～6腹节后缘有环隆线。臀棘8～17根，多数12～16根，端部膨大。

【发生规律】 美国白蛾一年发生的代数因地而异，在我国北

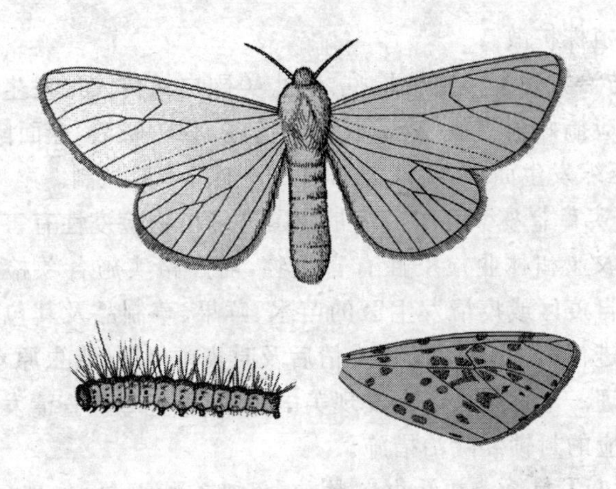

图 44　美国白蛾

上：雌成虫　下右：雄成虫前翅　下左：幼虫

方 1 年 2～3 代，以蛹在树皮下或地面枯枝落叶处越冬。

春季温度高于 18℃～19℃，相对湿度 70%左右，越冬成虫大量羽化。成虫飞翔力和趋光性均不强，羽化后迅速交配和产卵。产卵时对寄主有明显的选择性，喜在槭树、桑树和果树的叶背产卵，卵块单层平铺，每个卵块有卵 500～700 粒，可多达 2 000 余粒。卵发育的最适温度为 23℃～25℃，相对湿度为 75%～80%。幼虫孵化后不久，即吐丝缀叶结网，在网内营聚居生活，随着虫龄增长，丝网不断扩展，网幕直径可达 1 米以上。网幕中混杂大量带毛蜕皮和虫粪，雨水和天敌均难侵入。幼虫老熟后，下树寻找隐蔽场所吐丝结灰色薄茧，在其内化蛹。蛹期抗逆能力强，可经受－30℃的低温。

美国白蛾可随人类活动远距离扩散，主要通过木材、木包装、苗木、农产品、交通工具等进行传播，各虫态均可人为传播，但越冬蛹化蛹场所复杂而隐蔽，蛹期长，抗逆能力强，因而越冬蛹是远距离传播的主要虫态。通过成虫飞行和高龄幼虫爬行，可在发生地向邻近植株扩散。

【防治方法】 实施检疫,防止美国白蛾传入未发生区,在已发生区应搞好预测预报,采取综合措施,联防联治,全面降低虫口密度,压缩发生面积,实现大范围和长期的有效控制。

1. 实施检疫 美国白蛾是我国进境植物检疫性有害生物,也是全国农业和林业检疫性有害生物,需严格实施各项检疫措施。对于来自疫区或疫情发生区的苗木、鲜果、草制品及其包装物、填充物等进行严格检验,发现疫情后及时集中烧毁,带虫原木等需行熏蒸处理。未发生地区在发现美国白蛾后,应尽快查清发生范围,采取相应的封锁和除治措施。

2. 人工捕杀 在幼虫三龄前,仔细查找网幕,发现后将网幕连同小枝一起剪下,立即烧毁或深埋;高大树木在老熟幼虫化蛹前,在树干离地面1～1.5米处,围绑草把或草帘,诱集幼虫化蛹,然后解下草把,集中烧毁或深埋,化蛹期间每隔7～9天换一次草把。

3. 物理防治 设置诱虫灯,在成虫羽化期诱杀成虫;利用美国白蛾性信息素诱杀,在成虫发生期,将诱芯放入诱捕器内,将诱捕器挂设在林间,诱杀雄成虫,每100米设一个诱捕器,诱集半径为50米。

4. 化学防治 在幼虫四龄前喷施杀虫剂,及时防治。可用药剂有:25%灭幼脲(灭幼脲3号)胶悬剂1 500～2 000倍液,5%氟虫脲乳油1 000～2 000倍液,20%杀铃脲悬浮剂7 000～8 000倍液,24%虫酰肼(米满)悬浮剂1 500～2 000倍液,1.2%烟·参碱乳油1 000～2 000倍液,1.8%阿维菌素乳油2 000～3 000倍液,0.5%甲维盐(甲氨基阿维菌素苯甲酸盐)微乳剂1 500～2 000倍液等。

5. 生物防治 人工繁育美国白蛾周氏啮小蜂,在美国白蛾老熟幼虫期释放;在二至三龄幼虫期喷施美国白蛾核型多角体病毒制剂;在幼虫四龄前喷施苏云金杆菌制剂;保护大草蛉、中华草蛉、胡蜂、蜘蛛、白蛾派姬小蜂、白蛾黑棒啮小蜂等天敌昆虫。

十九、黏 虫

黏虫分布范围广,寄主种类多,是农作物的主要害虫之一。幼虫喜食麦类、玉米、高粱、谷子、水稻等禾谷类作物和禾草。黏虫能长距离迁飞,具有暴发性和大范围发生的特点,一旦大发生,将使农作物遭受严重损失。在大发生年份,向日葵也严重受害。

【危害特点】 低龄幼虫啃食叶肉,残留表皮,造成半透明的斑块。三龄后食量增大,可将叶片吃成孔洞,或将叶片边缘咬成不规则缺刻,严重时能将叶片吃光,仅残留主脉(彩照 184)。

【形态特征】 黏虫属于鳞翅目,夜蛾总科,夜蛾科,学名 *Leucania seperata* Walker。

1. 成虫 淡黄褐色至淡灰褐色的蛾子,雌蛾体长 18～20 毫米,展翅宽 42～45 毫米,雄蛾体长 16～18 毫米,展翅宽 40～41 毫米。体淡黄褐色至淡灰褐色。前翅淡黄褐色,有闪光的银灰色鳞片。前翅中央稍近前缘处有 2 个近圆形的黄白色斑,中室下角有 1 个小白点,其两侧各有 1 个黑点,从翅顶角至后缘末端 1/3 处有 1 条暗褐色斜纹,延伸至翅的中央部分后即消失。前翅外缘有小黑点 7 个。后翅基部灰白色,端部灰褐色。雌蛾体色较淡,有翅缰 3 根,腹部末端尖,有生殖孔。雄蛾体色较深,前翅中央的圆斑较明显,翅缰只有 1 根,腹部末端钝,稍压腹部,露出一对抱握器(彩照 185,图 45)。

2. 卵 卵粒馒头形,有光泽,直径约 0.5 毫米,表面有网状脊纹,初为乳白色,渐变成黄褐色,将孵化时为灰黑色。卵粒排列成行或重叠成堆。

3. 幼虫 幼虫 6 龄,各龄头壳宽度与体长渐增大。老熟时体

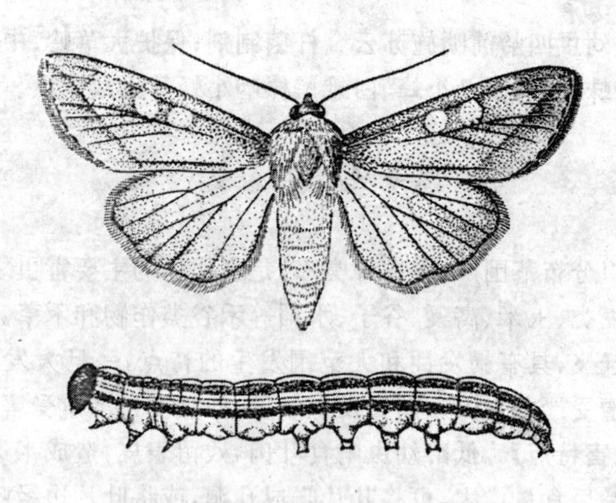

图 45 黏虫的成虫(上)和幼虫(下)

长 36 毫米左右,黑绿色、黑褐或淡黄绿色。头部棕褐色、沿蜕裂线有褐色丝纹,呈“八”字形。全身有 5 条纵行暗色较宽的条纹,腹部圆筒形,两侧各有两条黄褐色至黑色,上下镶有灰白色细线的宽带。腹足基节有阔三角形黄褐色或黑褐色斑(彩照 186,图 45)。

4. 蛹 蛹体长约 19 毫米,前期红褐色,腹部 5~7 节背面前缘各有 1 排横齿状刻点。尾端有臀棘 4 根,中央 2 根较为粗大,其两侧各有细短而略弯曲的刺 1 根。在发育过程中,复眼与体色有明显变化,由红褐色渐变为褐色至黑色(彩照 187)。

【发生规律】 黏虫是迁飞性害虫,无滞育现象,只要条件适合可连续繁殖和生长发育。我国东半部大致以北纬 33°(1 月份 0℃等温线)为界,此线以北不能越冬,每年虫源均从南方随气流远距离迁飞而来。此线以南至北纬 27°线以北,以幼虫和蛹越冬,北纬 27°线以南冬季可持续发生。大致华南发生 6~8 代,华中 5~6 代,江淮 4~5 代,华北南部 3~4 代,东北、华北北部 2~3 代。黏虫发生代数随纬度或海拔高度降低而递增。

黏虫在我国每年大迁飞 4 次,春、夏季多从低纬度向高纬度,或从低海拔向高海拔地区迁飞，秋季从高纬度向低纬度，或从高海拔向低海拔地区迁飞。各地除了当地虫源外，还要关注虫源的迁入或迁出。

成虫需补充营养，喜食花蜜，对甜酸气味和黑光灯趋性很强。白天多栖息在隐蔽的场所，黄昏后活动取食，交尾和产卵。雌蛾产卵具有较强的选择性，喜欢在生长茂密的禾谷类作物叶片上或叶鞘内产卵。卵粒排列成行，分泌出胶汁粘结成块。每个卵块有卵数十粒，多者数百粒。

幼虫共有 6 个龄期，一至二龄幼虫聚集危害，有吐丝下垂习性，随风飘散或爬行至心叶、叶鞘中取食，五、六龄幼虫为暴食阶段，食量占幼虫期总食量的 85%以上。幼虫在夜间活动较多，有假死性，一经触动，蜷缩在地，稍停后再爬行危害。大发生年份虫口密度大时，四龄以上幼虫可群集转移危害。幼虫老熟后停止取食，顺植株爬行下移至根部，入土 3～4 厘米深，作土茧化蛹。

黏虫抗寒力较低，在 0℃条件下，30～40 天后即行死亡，－5℃时仅有数天生存能力。黏虫也不耐 35℃以上的高温。各虫态适宜的温度在 10℃～25℃，适宜的大气湿度在 85%以上，降雨有利于黏虫发生，高温干旱不利于黏虫发生。水肥条件好，生长茂密的农田，黏虫重发。黏虫的天敌种类很多，重要的有金星步行虫、黑卵蜂、绒茧蜂、姬蜂、蜘蛛、鸟类等，对黏虫的发生有一定的自然控制作用。

【防治方法】

1. 人工诱虫、杀虫　利用成虫对糖醋液的趋性，从成虫羽化初期开始，在田间设置糖醋液诱虫盆，诱杀尚未产卵的成虫。糖醋液配比为红糖 3 份、白酒 1 份、食醋 4 份、水 2 份，加 90%晶体敌百虫少许，调匀即可。配置时先称出红糖和敌百虫，用温水溶化，然后加入醋、酒。诱虫盆要高出作物 30 厘米左右，诱剂保持 3 厘米深左右，每天早晨取出诱到的蛾子，白天将盆盖好，傍晚开盖，5～7

天换诱剂一次。成虫趋光性强，可设置黑光灯诱杀。

用杨树枝把诱虫，取几条1～2年生叶片较多的杨树枝条，剪成约60厘米长，将基部扎紧，制成杨枝把，阴干一天，待叶片萎蔫后便可倒挂在木棍或竹竿上，插在田间，在成虫发生期诱蛾。

还可在田间插设小谷草把或稻草把，在成虫发生期诱蛾，在产卵期诱蛾产卵。在草把上洒上糖醋液效果更好。每2～3天换草把一次，将换下的谷草把烧毁。

谷田在卵盛期，可顺垄采卵，连续进行3～4遍，及时消灭采摘的卵块。

在大发生时，如幼虫虫龄已高，可利用其假死性击落捕杀和挖沟阻杀，防止幼虫迁移。

2. 药剂防治 根据虫情测报，在幼虫3龄前及时施药。可喷布20%除虫脲(灭幼脲1号)悬浮剂1 000～2 000倍液，25%灭幼脲(灭幼脲3号)悬浮剂稀释1 500～2 500倍液，80%敌百虫可溶性粉剂1 000～1 500倍液，50%马拉硫磷乳油1 000～1 500倍液，50%辛硫磷乳油1 000～1 500倍液，2.5%溴氰菊酯(敌杀死)乳油3 000～4 000倍液，20%氰戊菊酯(速灭杀丁)乳油2 000～3 000倍液，或25%氧乐·氰乳油2 000倍液等。

喷粉法施药可用2.5%敌百虫粉，每667米^{2}喷2～2.5千克。还可用用50%辛硫磷乳油0.7千克加水10升，稀释后拌入50千克煤渣颗粒顺垄撒施。

二十、甘蓝夜蛾

甘蓝夜蛾是分布广泛的多食性害虫，已知寄主有200多种，主要危害油菜、十字花科蔬菜、藜科蔬菜、甜菜、瓜类、豆类、玉米、烟草和亚麻等。向日葵田常见，局部地块苗期受害重。

【危害特点】 初孵幼虫集中在叶背取食，将叶片咬成透明小孔，残留叶表皮，大龄幼虫将叶片吃成较大孔洞或缺刻，严重的仅残留叶脉。

【形态特征】 甘蓝夜蛾属于鳞翅目，夜蛾总科，夜蛾科，学名 *Mamestra brassicae* L.。

1. 成虫　体长10～25毫米，翅展30～50毫米，灰褐色。前翅中央前缘内侧有1个灰白色肾形纹，内方有1个灰黑色环形纹。外横线、内横线和亚基线黑色，沿外缘有黑点7个，下方有白点2个。前缘近端部有等距离的白点3个。亚外缘线白而细，外方稍呈淡黑色。缘毛黄色。后翅灰白色(彩照188，图46)。

图46　甘蓝夜蛾成虫

2. 卵　半球形，直径0.6～0.7毫米，上有放射状的3序纵棱，棱间有1对下陷的横道，隔成1行方格。初产时黄白色，后出现褐色环纹，孵化前变紫黑色。

3. 幼虫　共6龄，各龄幼虫体色不同。初孵幼虫体长约2毫米，黑色，长满粗毛；二龄幼虫体长8～9毫米，绿色；三龄幼虫长12～13毫米，全体黑绿色，有明显的黑色气门线；四龄幼虫体长约20毫米，灰黑色，各体节线纹明显。一至二龄幼虫有2对腹足，三龄以后都有4对腹足。老熟幼虫体长约40毫米，头部与前胸背板黄褐色，胸、腹部背面黑褐色，散布灰黄色细点，腹面淡灰褐色。背线和亚背线为白色点状细线，各体节背面中央两侧沿亚背线内侧有黑色条纹,呈倒“八”字形。气门线黑色,气门下线为白色宽带(彩照 189,190)。

4. 蛹 体长 20 毫米左右,红褐色,背面中央由腹部第一节起到体末止,有 1 条深褐色纵行暗纹。

【发生规律】 甘蓝夜蛾 1 年发生 2～3 代,以蛹在土壤中越冬,翌年春季越冬蛹羽化出土。成虫昼伏夜出,白天潜伏在土缝、草丛以及枯叶下等处所,夜晚活动,以 21～23 时活动最盛。成虫对糖醋液和黑光灯的趋性强。卵产于叶片背面,聚产成块,卵块单层。幼虫三龄前群集叶背取食,食量小。三龄后分散取食,但仍集中在周围植株上。四龄以后白天多隐藏在叶背或菜株根部附近表土中,夜间出来取食,食量大,危害重。食料缺乏时,幼虫成群迁移。幼虫严重危害期各地不同,东北地区在 8～9 月,黄淮平原 6～7 月份,长江以南 4～5 月份和 9～10 月份。幼虫老熟后入土,吐丝作茧化蛹,入土深度多为 6～7 厘米。

环境温度和湿度条件影响甘蓝夜蛾的发生。平均温度 18℃～25℃,相对湿度 70%～80%有利于甘蓝夜蛾的生长发育。温度低于 15℃或高于 30℃,湿度低于 68%或高于 85%,都有不利影响。

【防治方法】

1. 诱杀成虫 利用成虫的趋化性,在成虫数量开始上升时,用糖醋液诱杀成虫,还可用黑光灯诱蛾。

2. 合理栽培 冬季翻耕土地,铲除田边、田坎的杂草,减少越冬蛹量。在产卵期和幼虫集中取食期,人工摘除有卵块和初孵幼虫的叶片。

3. 药剂防治 大龄幼虫抗药性很强,需在卵孵化期和一至二龄幼虫盛期喷药防治。晴天在清晨或傍晚喷药,阴天全天都可喷药。喷药务必周到,不要漏掉叶片背面和中下部叶片。

有效的普通杀虫剂有 90%敌百虫晶体 1 000～1 500 倍液,

2.5%溴氰菊酯(敌杀死)乳油 3 000 倍液,20%氰戊菊酯乳油 2 000～3 000 倍液、2.5%三氯氟氰菊酯(功夫)乳油 3 000～4 000 倍液,3%啶虫脒(莫比朗)乳油 1 000～2 000 倍液,10%溴虫腈(除尽)悬浮剂 1 500～2 000 倍液等。

昆虫生长调节剂及其参考用药量为:5%氟虫脲(卡死克)乳油 1 000～2 000 倍液,5%定虫隆(抑太保)乳油 1 000～2 000 倍液,20%除虫脲悬浮剂 2 000～3 000 倍液,25%灭幼脲(灭幼脲 3 号)悬浮剂 1 500～2 500 倍液,20%虫酰肼(米满)悬浮剂 1 500～2 000 倍液等。

抗生素类杀虫剂可用 1.8%阿维菌素(虫螨克)乳油 2 000～3 000 倍液,0.5%甲维盐(海正三令)微乳剂 1 000～1 500 倍液,2.5%多杀菌素(菜喜)悬浮剂 1 000～1 500 倍液等。

细菌杀虫剂主要是各种苏云金杆菌制剂。例如,2 000IU(国际单位)/毫升的苏云金杆菌悬浮剂(每公顷用 3 000～4 500 毫升制剂),4 000IU/毫升的苏云金杆菌悬浮剂(每公顷用 1 500～2 250 毫升制剂),8 000IU/毫克的苏云金杆菌可湿性粉剂(每公顷用 1 500～2 250 克制剂),16 000IU/毫克的苏云金杆菌可湿性粉剂(每公顷用 750～1 125 克制剂)。

植物性杀虫剂有 1%印楝素水剂 800～1 200 倍液,0.65%茴蒿素水剂 400～500 倍液,0.5%藜芦碱醇溶液 800～1 000 倍液,0.26%苦参碱(绿宝清)水剂 600～800 倍液等。

二十一、斜纹夜蛾

斜纹夜蛾是多种农林作物的大害虫,寄主种类多达 290 种,在农作物中以十字花科蔬菜、绿叶菜、茄科蔬菜、水生蔬菜、棉花、豆类和玉米等受害较重,在向日葵上发生也较普遍。该虫具有暴食性,在大发生年份可将作物吃成光杆。

【危害特点】 幼虫取食叶片、花蕾、果实等部位。小龄幼虫仅蚕食叶肉，残留上表皮和叶脉，食痕白色纱孔状，后变黄色。大龄幼虫食量增长，四龄进入暴食期，可吃光叶片。幼虫还能蛀入大白菜、甘蓝叶球内，把内部吃空，并诱发腐烂病。

【形态特征】 斜纹夜蛾属鳞翅目，夜蛾总科，夜蛾科，学名 *Prodenia litura* Fabricius。

1. 成虫 体长 14～20 毫米，翅展 35～40 毫米，全体褐色，胸背有白色丛毛，腹部前数节背面中央有暗褐色丛毛。前翅灰褐色(雄虫较深)，斑纹复杂，内横线和外横线灰白色，呈波浪状，中间有白色条纹，环状纹不明显，肾状纹前部呈白色，后部黑色，在环状纹与肾状纹间由前缘向后缘外方有 3 条白色斜线，据此命名为斜纹夜蛾。后翅白色。前后翅上常有淡红色至紫红色闪光(彩照 191，图 47)。

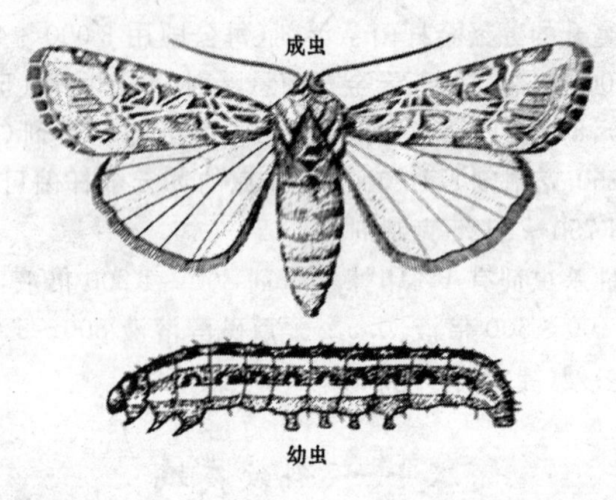

图 47 斜纹夜蛾 (仿王就光等图)

2. 卵 直径 0.4～0.5 毫米，扁半球形，初产黄白色，后渐变淡绿色，孵化前变紫黑色。由 3～4 层卵粒组成卵块，其上有雌蛾产卵时黏上的灰黄色绒毛。

3. 幼虫 老熟时体长38～51毫米，头部黑褐色，胴部体色变化较大，常因寄主和虫口密度不同而有变化，常为土黄色、青黄色、灰褐色或暗绿色。全体遍布不太明显的白色斑点，从中胸至第九腹节各节的亚背线内侧有近三角形的黑斑1对，中、后胸的黑斑外侧有黄色小点(彩照192，图47)。

4. 蛹 体长约15～20毫米，初蛹胭脂红色，稍带青色，后渐变为赤红色。

【发生规律】 斜纹夜蛾在长江流域1年发生5～6代，在华北和西北东部发生4～5代，在广东、台湾和福建终年危害，无越冬现象。在陕西以蛹在土壤内越冬，翌年4月下旬成虫羽化，第一代幼虫发生在5月上中旬，以后各代幼虫分别发生在7月中下旬，8月上中旬和10月上中旬。各地发生代数虽有不同，但均以7～10月份危害最重。大致长江流域7～8月份大发生，黄河流域8～9月份大发生。

成虫昼伏夜出，飞翔力很强，对黑光灯和糖醋液趋性强。成虫喜在植株茂密处嫩绿的叶背产卵，卵聚产成块，其上覆盖雌蛾的体毛，每块卵约有100～200粒。幼虫6龄，初孵幼虫群集在卵块附近取食，二龄后分散危害，四龄进入暴食期，五、六龄取食量占整个幼虫期取食量的80%左右。幼虫多在傍晚以后危害，晴朗的白天躲在土缝中和其他阴暗处所，逢阴雨天气，白天也可取食活动。幼虫老熟后入土，在1～3厘米深的土层内做一椭圆形土室化蛹。若土壤板结，则多在表土下或枯叶下化蛹。

斜纹夜蛾是喜温性害虫，发育适温29℃～30℃，对低温抵抗性弱，温暖湿润地带常发。各年发虫量不等，具有间歇性猖獗发生的特点。

【防治方法】

1. 诱杀成虫 利用成虫的趋化性，在成虫数量开始上升时，用糖醋液诱杀成虫。还可用频振式杀虫灯、黑光灯或杨树枝把诱蛾。

2. 药剂防治 在幼虫三龄以前，及时喷药防治。四龄以后抗药性增强，且夜间活动，可在午后或傍晚喷药。用药种类参考甘蓝夜蛾。

二十二、银纹夜蛾

银纹夜蛾分布于全国各地，杂食性，主要危害油菜、十字花科蔬菜、莴苣、胡萝卜、豆类等。在向日葵田常见，多不严重。

【危害特点】 幼虫蚕食叶片，造成空洞和缺刻。

【形态特征】 银纹夜蛾属鳞翅目，夜蛾科，学名 *Argyrogramma agnata*（Staudinger）。

1. 成虫 体长 12～17 毫米，翅展 32 毫米，全体灰褐色。前翅深褐色，有 2 条银色的横线纹，翅中央有 1 个“Y”字形银色斑纹和 1 个近三角形的银色斑点。后翅暗褐色，有金属闪光（彩照 193，图 48）。

2. 卵 直径 0.5 毫米左右，馒头形，淡黄绿色。

3. 幼虫 体长 30 毫米左右，淡绿色。身体前端较细，后端较粗。背线双线，白色，亚背线白色，气门线黑色，气门黄色。第一对和第二对腹足退化，行走时体背拱曲（彩照 194，图 49）。

4. 蛹 体长约 18 毫米，背面褐色，腹面绿色，羽化前变为黑褐色。蛹体外包被疏松的白色丝茧。

与银纹夜蛾的形态相似的常见种类，还有豆银纹夜蛾（*Autographa nigrisigna*）等。豆银纹夜蛾也称为黑点银纹夜蛾，也危害豆类、十字花科蔬菜、莴苣、向日葵等，该种成虫前翅肾状纹外方有 3 个小黑点，亚外缘线为波浪形（图 50）。

1. 豆银纹夜蛾，2. 银纹夜蛾成虫前翅

【发生规律】 银纹夜蛾在 1 年发生 4～6 代，以蛹在土壤内越冬。田间多在春秋两季发生较多。成虫昼伏夜出，有趋光性。

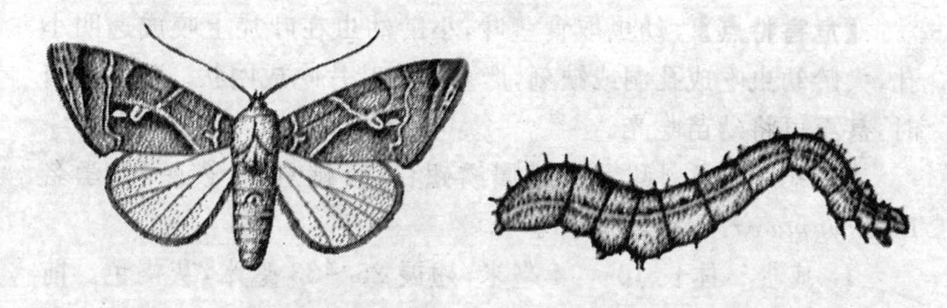

图 48　银纹夜蛾成虫
（仿王就光图）

图 49　银纹夜蛾幼虫
（仿王就光图）

图 50　两种银纹夜蛾成虫比较

成虫喜在叶背产卵，卵多单产。幼虫 6 龄，初孵幼虫群集在叶片背面取食叶肉，残留上表皮，大龄幼虫食量大，蚕食叶片、嫩茎、嫩荚。幼虫有假死习性。老熟后多在叶背吐丝结茧，化蛹。

【防治方法】　参见甘蓝夜蛾。

二十三、甜菜夜蛾

甜菜夜蛾是农作物大害虫，分布于全国各地，寄主种类多，主要危害十字花科蔬菜、绿叶菜、葱类、胡萝卜、辣椒、甜菜、棉花、芝麻、玉米、烟草、马铃薯、瓜类、豆类等，向日葵田也常见。该虫具有暴发性，猖獗发生年份危害严重。

【危害特点】 幼虫取食茎叶，小龄幼虫在叶片上咬成透明小孔，大龄幼虫吃成孔洞或缺刻，严重的将叶片吃成网状。危害幼苗时，甚至可将幼苗吃光。

【形态特征】 甜菜夜蛾属鳞翅目，夜蛾总科，夜蛾科，学名 *Laphygma exigua* Hubner。

1. 成虫 体长 10～14 毫米，翅展 25～33 毫米，灰褐色。前翅中央近前缘的外方有肾形纹 1 个，内方有环形纹 1 个，肾形纹大小为环形纹的 1.5～2 倍，土红色。后翅银白色，略带紫粉红色，翅缘灰褐色（彩照 195，图 51）。

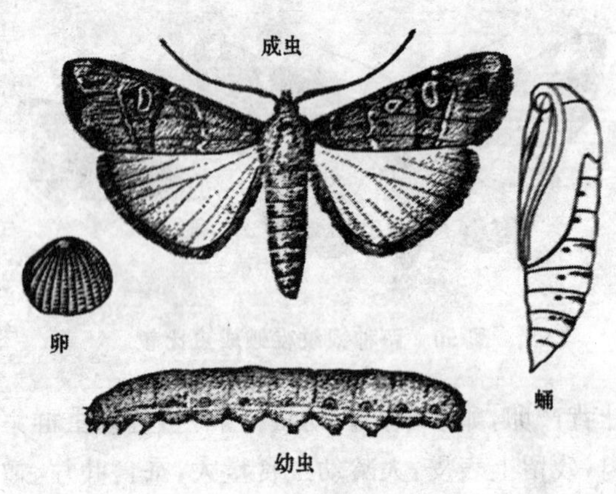

图 51 甜菜夜蛾

2. 卵 馒头形，白色，直径 0.2～0.3 毫米。

3. 幼虫 老熟时体长 22 毫米，体色变化较大，有绿色、暗绿色、黄褐色、褐色、黑褐色等不同体色。气门下线为黄白色纵带，每节的气门后上方各有一明显的白点（彩照 196，彩照 197，图 51）。

4. 蛹 体长 10 毫米，黄褐色。

【发生规律】 甜菜夜蛾在亚热带和热带地区无越冬现象，在陕西、山东、江苏一带以蛹在土室内越冬，1 年发生 4～5 代，在其他地区各虫态都可越冬。成虫白天潜伏在土缝、土块、杂草丛中以及枯叶下等隐蔽处所,夜晚活动,成虫趋光性强,趋化性较弱。卵产于叶片背面,聚产成块,卵块单层或双层,卵块上覆盖灰白色绒毛。幼虫 5 龄,少数 6 龄,三龄前群集叶背,吐丝结网,在内取食,食量小。三龄后分散取食,四龄以后食量剧增。幼虫昼伏夜出,性畏阳光,受惊后卷成团,坠地假死,老熟后入土,吐丝筑室化蛹,化蛹深度多为 0.2～2 厘米。

甜菜夜蛾具有间歇性发生的特点,不同年份之间发虫量差异很大。甜菜夜蛾对低温敏感,抗旱性弱。不同虫期的抗寒性又有差异,蛹期和卵期抗寒性稍强,成虫和幼虫抗寒性较弱。若以抗寒性弱的虫期进入越冬,冬季又长期低温,则越冬死亡率高,翌年春季发虫少。

【防治方法】 参见甘蓝夜蛾的防治。

二十四、棉 铃 虫

棉铃虫为重要农业害虫,寄主种类多,主要危害棉花、麦类、玉米、豌豆、苜蓿、向日葵、茄科蔬菜等作物。大发生年份,靠近棉田、麦田、菜田的向日葵田常见。

【危害特点】 幼虫取食叶片,咬成孔洞、缺刻,或吃成网状。幼虫还咬食、钻蛀花盘。

【形态特征】 棉铃虫属于鳞翅目,夜蛾科,学名 *Helicoverpa armigera*(Hübner)。

1. 成虫 体长 15～20 毫米,翅展 31～40 毫米。雌蛾赤褐色,雄蛾灰绿色。前翅基线不清晰,内横线双线,褐色,锯齿形,中横线褐色,略呈波浪形,外横线双线,亚外缘线褐色,锯齿形,两线间为一褐色宽带。环形斑褐边,中央有一褐点,肾状斑褐边,中央有 1 个深褐色的肾形斑点。外缘各脉间有小黑点。后翅灰白色，沿外缘有黑褐色宽带，宽带中央有 2 个相连的白斑（彩照 198，图 52）。

图 52　棉铃虫成虫

2. 卵　初期乳白色，半球形，高 0.51～0.55 毫米，直径 0.44～0.48 毫米，顶端稍隆起，底部较平。卵孔不明显，有伸达卵孔的纵棱 11～13 条，纵棱分 2 岔和 3 岔而到达底部，中部通常为 25～29 条，纵棱间有横道 18～20 条。

3. 幼虫　幼虫共 6 龄，老熟幼虫体长 40～45 毫米。头部黄绿色，生有不规则的网状纹。气门线白色或黄白色，体背面有 10 余条细纵线，各腹节上有刚毛瘤 12 个，刚毛较长。幼虫体色多变，大致有 4 个常见类型：①体色淡红，背线、亚背线淡褐色，气门线白色，刚毛瘤黑色（彩照 199）；②体色黄白，背线、亚背线淡绿色，气门线白色，刚毛瘤黑色；③体色淡绿，背线、亚背线淡绿色（不很明显），气门线白色，刚毛瘤和体色相同；④体色墨绿，背线和亚背线深绿色，气门线淡黄色。此外，还有体色为黄绿色、暗紫色与黄白色相间的以及其他色泽的虫体。

4. 蛹　纺锤形，赤褐色，体长 17～20 毫米。腹部 5～7 节背面和腹面前缘有 7～8 排较稀疏的半圆形刻点。腹部末端钝圆，有臀棘 2 个（彩照 200）。

【发生规律】 我国各地发生的代数不同，东北和新疆北部每年3代，黄淮流域4代，长江流域4～5代，华南6～8代。以滞育蛹在土层中作土茧越冬。

在黄淮地区，9月下旬至10月中旬老熟幼虫入土，在5～15厘米深处筑土茧化蛹越冬。越冬主要在棉田、玉米田，其次为菜地和杂草地。翌年4月下旬至5月中旬，当气温升至15℃以上时，越冬代成虫羽化，产卵。第一代幼虫主要危害小麦、春玉米、蔬菜等作物，麦田发生最多。第二代和第三代幼虫主要危害棉花。8月下旬至9月发生第四代幼虫，蛀食棉铃和夏玉米穗部。通常9月下旬以后陆续进入越冬或继续危害棚室蔬菜。

棉铃虫成虫白天隐蔽，夜间活动，趋向蜜源植物，吸食花蜜，有趋光性，杨树枝对成蛾的诱集力强。成虫在嫩尖、嫩叶、果萼、果荚等幼嫩部位产卵。初龄幼虫取食嫩叶，二至三龄以后可钻蛀危害，食量增大，有转株危害习性。

棉铃虫属喜温喜湿性害虫，成虫产卵适温在23℃以上，20℃以下很少产卵，幼虫发育以25℃～28℃和相对湿度75％～90％最为适宜。降雨多，相对湿度高有利于虫口增长，危害加重。但雨水过多易使土壤板结，不利于幼虫入土化蛹，暴雨可冲掉棉铃虫卵，均有抑制作用。棉铃虫的天敌种类较多，对棉铃虫种群有重要抑制作用。

【防治方法】 要搞好棉、麦、蔬菜等主要寄主的防治，调整作物布局，尽量减少与棉花等间作、套作或插花种植。要注意保护天敌昆虫。若需喷药防治，施药关键期是从产卵盛期到卵孵化盛期，提倡施用对天敌较安全的生物源农药，如苏云金杆菌(Bt)制剂、棉铃虫核多角体病毒制剂等。

附　录

附录1　常用杀菌剂表

通用名称（商品名称）	主要剂型	性　质	应　用
百菌清	50%、75%可湿性粉剂，40%悬浮剂	取代苯类广谱保护性杀菌剂，能与真菌细胞中的3-磷酸甘油醛脱氢酶发生作用，使真菌代谢受阻而失活；对人畜低毒，对鱼类高毒	喷雾预防多种真菌、卵菌病害。不能与碱性物质混用
代森锰锌	70%、80%可湿性粉剂，75%干悬浮剂，42%悬浮剂	二硫代氨基甲酸盐类广谱保护性杀菌剂，抑制菌类体内丙酮酸的氧化；遇酸、碱分解，高温受潮也易分解；低毒，对鱼类有毒	喷雾预防多种真菌、卵菌病害，在发病前或发病初期开始喷药。常与内吸性杀菌剂复配，不能与碱性物质和含铜的药剂混用

续附表

通用名称（商品名称）	主要剂型	性　质	应　用
福美双	50%、75%、80%可湿性粉剂	二硫代氨基甲酸盐类保护性杀菌剂，广谱；遇酸易分解，遇高温，潮湿，会渐渐失效，易燃；对人、畜中等毒，对鱼类有毒	用于种子处理、土壤处理或喷雾，预防多种真菌、卵菌病害。不能与铜、汞、硫酸亚铁及碱性农药混用或前后紧连使用
异菌脲（扑海因）	50%可湿性粉剂，50%、25%悬浮剂，5%油悬浮剂	二甲酰亚胺类广谱保护性杀菌剂，也有一定的治疗作用，可抑制真菌蛋白激酶；遇碱性物质不稳定；低毒	喷雾预防真菌病害，不能与强碱性或强酸性的药剂混用
氢氧化铜（可杀得）	53.8%、61.4%干悬浮剂，77%可湿性粉剂	无机铜保护性杀菌剂，广谱，对植物生长有刺激作用，耐雨水冲刷；对人、畜中等毒，对鱼类及水生生物有毒	在发病前或发病初期喷雾使用，预防真菌、卵菌和细菌病害。避免与强酸、强碱性物质混用。不能与乙膦铝类农药混用
氧化亚铜（铜大师，靠山）	86.2%可湿性粉剂，86.2%干悬浮剂，56%水分散粒剂	无机铜广谱保护性杀菌剂，可促进植物光合作用，耐雨水冲刷；低毒	在发病前或发病初期喷雾，预防真菌、卵菌和细菌病害，要严格控制药液浓度。不能与强酸、强碱性物质以及植物生长调节剂

续附表

通用名称（商品名称）	主要剂型	性质	应用
乙烯菌核利（农利灵）	50%水分散性粒剂	二甲酰亚胺类广谱保护性杀菌剂，可抑制真菌几丁质合成。可有效防治对多菌灵等已产生抗药性的菌株；低毒	喷雾预防菌核病、灰霉病、叶斑病等。
咯菌腈（适乐时）	2.5%悬浮种衣剂，50%水分散粒剂，10%粉剂，50%可湿性粉剂	吡咯类广谱保护性杀菌剂，抑制真菌葡萄糖磷酰化，能穿透进入种子内部起作用，对抗苯并咪唑类杀菌剂的真菌有效；对人、畜低毒，对鱼类有毒	用于种子处理或喷雾，防治真菌病害，包括向日葵黄萎病、菌核病、黑茎病、黑斑病等
甲基立枯磷（利克菌）	50%可湿性粉剂，5%、10%、20%粉剂，20%乳油，25%胶悬剂	广谱有机磷杀菌剂，兼具保护和治疗作用，对五氯硝基苯抗药性丝核菌有效；低毒	用于喷雾、拌种或土壤处理，主要防治丝核菌病害、炭腐病、白绢病等土传病害。不宜与碱性物质混用，拌种剂量偏高可能抑制种子萌发

续附表

通用名称 (商品名称)	主要剂型	性　质	应　用
菌核净 (纹枯利)	40%可湿性粉剂	二甲酰亚胺类保护性杀菌剂,有一定的内渗治疗作用,对核盘菌和灰霉菌有高度活性;对人、畜低毒	主要用于喷雾和药液灌根,防治菌核病、灰霉病、纹枯病等
嘧菌酯 (阿米西达)	25%悬浮剂	甲氧基丙烯酸酯类广谱杀菌剂,可抑制病菌的呼吸作用,具保护、治疗和铲除作用;低毒	用于茎叶喷雾、种子处理、土壤处理,防治真菌、卵菌病害
醚菌酯 (翠贝)	50%干悬浮剂,50%水分散粒剂,30%悬浮剂	甲氧基丙烯酸酯类广谱杀菌剂,兼具保护和治疗作用;对人、畜低毒,对水生生物有毒	喷雾防治真菌、卵菌病害
丙森锌 (安泰生)	70%安泰生可湿性粉剂	二硫代氨基甲酸盐类广谱保护性杀菌剂,有良好的叶面补锌作用;低毒	喷雾防治真菌、卵菌病害,不可与铜制剂和碱性药剂混用

续附表

通用名称（商品名称）	主要剂型	性 质	应 用
多菌灵	25%、40%、50%、80%可湿性粉剂	苯并咪唑类广谱内吸性杀菌剂，具有保护和治疗作用；低毒	主要用于喷雾，也用于种子处理、土壤处理、灌根等，防治真菌病害，但对锈病、丝核菌病害低效，有一定的杀螨作用；不能与铜制剂混用，不宜与碱性药剂混用
甲基硫菌灵（甲基托布津）	50%、70%可湿性粉剂，40%、50%胶悬剂	硫脲基甲酸酯类广谱内吸性杀菌剂，在植物体内转化成多菌灵发挥作用，具有保护和治疗作用；低毒	主要用于喷雾，也用于灌根、处理种子，防治真菌病害，对叶螨和病原线虫也有抑制作用。不能与碱性物质、含铜制剂混用
三唑酮（粉锈宁）	15%、25%可湿性粉剂，10%、20%、25%乳油，25%胶悬剂，0.5%、1%、10%粉剂	三唑类内吸性杀菌剂，在植物体内可以双向传导，主要抑制菌体麦角甾醇的生物合成，具有保护和治疗作用，持效期长。对人、畜低毒，对鱼类中等毒	用作喷雾、药液灌根、拌种和土壤处理，防治真菌病害，对锈病、白粉病、黑粉病防效高；拌种用药量过高或土壤墒情较差时，推迟和抑制种子萌发与出苗。不能与强碱性药剂、铜制剂混用

续附表

通用名称（商品名称）	主要剂型	性　质	应　用
丙环唑（敌力脱）	20%、25%乳油	三唑类内吸杀菌剂，具保护和治疗作用，药效高，持效期长；低毒	喷雾防治真菌病害，对锈病、白粉病、纹枯病、叶斑病等防效高
腈菌唑	25%乳油，12.5%乳油，40%可湿性粉剂	三唑类内吸杀菌剂，具有保护和治疗作用，药效高，持效期长；低毒	用于喷雾和种子处理，防治白粉病、锈病、黑粉病、枯萎病等真菌病害，多与代森锰锌复配
戊唑醇（立克秀、好力克）	12.5%、25%乳油，25%可湿性粉剂，43%悬浮剂，2%湿拌种剂，5%悬浮拌种剂	三唑类内吸广谱杀菌剂，具有保护和治疗作用，可促进作物生长和提高抗逆性；低毒	用于喷雾和拌种，防治白粉病、锈病、根腐病、纹枯病、菌核病、黑粉病、叶斑病等真菌病害
苯醚甲环唑（世高，恶醚唑）	10%水分散颗粒剂，3%悬浮种衣剂，25%乳油	三唑类内吸性广谱杀菌剂，具保护和治疗作用。用于种子包衣，对种苗无不良影响；对人、畜低毒，对鱼类有毒	用于种子包衣和叶面喷雾，防治白粉病、锈病、黑粉病、根腐病、向日葵黑茎病、拟茎点霉茎溃疡病、黑斑病等真菌病害，不宜与铜制剂混用

续附表

通用名称（商品名称）	主要剂型	性质	应用
氟菌唑（特富灵）	30%可湿性粉剂，15%乳油	咪唑类内吸杀菌剂，可抑制真菌细胞膜麦角甾醇的生物合成。具有保护，治疗作用；低毒，对鱼类有一定毒性	用于喷雾和种子处理，防治白粉病、锈病、黑粉病、炭疽病等真菌病害
甲霜灵（瑞毒霉）	25%可湿性粉剂，35%拌种剂，25%乳油，5%颗粒剂	苯基酰胺类内吸杀菌剂，在植体内可双向传导，具保护和治疗作用；在碱性介质中易分解；低毒	用于茎葉喷雾，种子处理和土壤处理，防治霜霉病、疫病、白锈病等卵菌引起的病害
三乙膦酸铝（乙膦铝）	40%、80%可湿性粉剂，30%胶悬剂	有机磷类内吸杀菌剂，具有向顶、向基双向传导功能，兼有保护和治疗作用；低毒	喷雾防治霜霉病、疫病、白锈病等卵菌引起的病害
霜霉威（普力克）	60%盐酸盐水剂，72%盐酸盐可溶性水剂，50%热雾剂	氨基甲酸酯类内吸杀菌剂，具有保护和治疗作用，对植物有刺激生长作用；低毒	喷雾防治霜霉病、疫病、白锈病等卵菌引起的病害，不要与碱性制剂、液体化肥、植物生长调节剂混用

续附表

通用名称（商品名称）	主要剂型	性　质	应　用
甲霜灵·锰锌	58%、72%可湿性粉剂	甲霜灵和代森锰锌的混配剂，具有保护和治疗作用；低毒	喷雾防治霜霉病、疫病、白锈病等卵菌引起的病害
烯酰吗啉·锰锌（安克·锰锌）	69%可湿性粉剂，69%水分散粒剂，69%超微可湿性粉剂	烯酰吗啉和代森锰锌的混配剂，烯酰吗啉为肉桂酸衍生物，兼具保护与治疗作用，内吸性较强；低毒	喷雾防治霜霉病、疫病、白锈病等卵菌引起的病害，不能与碱性农药混合使用
霜脲·锰锌（克露）	72%可湿性粉剂，5%粉尘剂	霜脲氰与代森锰锌的混配剂，有局部内吸作用，兼具保护和治疗防效，可促进植物生长；低毒	用于喷雾或喷粉，主要防治卵菌病害，不可与碱性农药及铜、汞制剂混用
噁霜·锰锌（杀毒矾）	64%可湿性粉剂	噁霜灵和代森锰锌的混配剂，噁霜灵属苯基酰胺类内吸杀菌剂，具有保护、治疗、铲除活性；低毒	喷雾防治霜霉病、疫病、白锈病等卵菌引起的病害，不要与碱性农药和铜制剂混用
腐霉利（速克灵）	50%可湿性粉剂，25%胶悬剂，10%、15%烟剂	二甲酰亚胺类杀菌剂，有较弱的内吸性，有保护和治疗作用；对人、畜低毒，对鱼有毒	主要用于喷雾、熏烟，也用于拌种、药液灌根、土壤处理，防治真菌病害，对灰霉病、菌核病高效，不能与碱性农药、有机磷农药混配

续附表

通用名称（商品名称）	主要剂型	性质	应用
恶霉灵（土菌消）	70%可湿性粉剂，15%、30%水剂	噁唑类内吸性杀菌剂，在植物体内双向传导，有保护和治疗作用，可促进根系生长发育；低毒	用于喷雾、种子处理、土壤处理、灌根，对枯萎病、黄萎病、炭腐病以及腐霉菌、丝核菌、丝囊霉等引起的土壤病害有效
农用链霉素	72%可溶性粉剂	从灰链霉菌的培养液中提取的抗菌素，系氨基糖甙类化合物，低毒	喷雾防治细菌病害，不能与碱性农药混用
春·王铜（加瑞农）	47%可湿性粉剂	春雷霉素和王铜的混配剂，春雷霉素系小金色放线菌的代谢产物，渗透性强，有预防和治疗作用；低毒	喷雾防治细菌、真菌、卵菌病害，不能与铜制剂和强碱性农药混用
盐酸吗啉胍·铜（病毒A）	20%可湿性粉剂	由盐酸吗啉双胍和醋酸铜混配而成，为广谱病毒防治剂；低毒	喷雾防治病毒病害，不可与碱性农药混合使用

续附表

通用名称（商品名称）	主要剂型	性 质	应 用
植病灵	1.5％乳剂	由三十烷醇、硫酸铜和十二烷基硫酸钠混配而成，是广谱病毒病害防治剂，可钝化病毒，兼有杀菌作用和植物生长刺激作用；低毒	喷雾防治病毒病害，不可与生物农药混用

附录2 常用杀虫剂表

通用名称（商品名称）	主要剂型	主要特点	应用范围
敌百虫	90%晶体，80%可溶性粉剂，50%乳油，50%可湿性粉剂，25%油剂，2.5%粉剂	有机磷广谱杀虫剂，具有触杀、胃毒作用，对植物有渗透性，对金属略有腐蚀性；低毒，对鱼类、蜂类毒性高	用于喷雾、喷粉、土壤处理、灌浇、制作毒饵，防治直翅目、鳞翅目、鞘翅目等咀嚼式口器害虫，不能与碱性农药混用
敌敌畏	50%乳油，80%乳油	有机磷广谱杀虫剂，具有熏蒸、胃毒和触杀作用，持效期短，无残留；对人畜中等毒性，对鱼类毒性较高，对蜜蜂剧毒，对瓢虫等天敌杀伤力较大	喷雾，喷拌或熏蒸，防治多种咀嚼式口器、刺吸式口器害虫，不能与碱性农药混用，水溶液分解快，应随配随用
辛硫磷	40%、50%、75%乳油，5%、10%颗粒剂	有机磷广谱杀虫剂，有触杀和胃毒作用，无内吸作用；见光易分解，持效期短，但施入土中较稳定，持效期长；低毒，对鱼类毒性高，对蜂类有毒	用于喷雾、种子处理、土壤处理、灌根，防治地下害虫、鳞翅目害虫以及蚜虫、蓟马、叶蝉、飞虱、粉虱、叶甲、叶螨等，不能与碱性物质混用

续附表

通用名称（商品名称）	主要剂型	主要特点	应用范围
乐　果	40%、50%乳油，1.5%粉剂	有机磷内吸性杀虫、杀螨剂，具有触杀和胃毒作用；毒性中等，对牛、羊的胃毒性强，对鱼类低毒，对家禽和蜜蜂有毒	喷雾、处理土壤（粉剂），防治刺吸式口器害虫，潜叶性害虫等，对螨类也有一定的防效
乙酰甲胺磷	10%、30%、40%、50%乳油，25%、50%可湿性粉剂	有机磷广谱内吸杀虫剂，具有触杀、胃毒、熏蒸作用，杀卵，缓效；对人、畜低毒，对蜜蜂有毒	喷雾防治咀嚼式、刺吸式口器害虫，包括蚜虫、蓟马、叶蝉、飞虱、介壳虫、蜷象、鳞翅目幼虫、叶螨等，不能与碱性农药混用
马拉硫磷	45%、50%乳油，25%、75%、90%油剂，1.2%、1.8%粉剂	有机磷广谱杀虫剂，具有良好的触杀作用、胃毒作用和一定的熏蒸作用，无内吸作用，持效期短；低毒，对蜜蜂等益虫高毒	喷雾防治咀嚼式口器和刺吸式口器害虫，飞机超低容量喷雾防治蝗虫，防治钻蛀性害虫和地下害虫效果较差，不与碱性农药混用

续附表

通用名称（商品名称）	主要剂型	主要特点	应用范围
杀螟硫磷	20%、50%乳油	有机磷广谱杀虫剂，触杀作用强，有胃毒和杀卵作用，无内吸性，有渗透性，能杀死钻蛀性害虫；对人、畜、鱼中等毒，对蜜蜂高毒	喷雾防治咀嚼式口器和刺吸式口器害虫，不与碱性农药混用
毒死蜱（乐斯本）	20%、40%、40.7%、48%乳油	有机磷广谱杀虫剂，具有触杀、胃毒、熏蒸作用，有一定渗透作用，在土壤中持效期较长。对人、畜中等毒，对鱼、蜂毒性高	用于喷雾、土壤处理、灌根，防治地下害虫以及鞘翅目、鳞翅目、同翅目、半翅目害虫和害螨，不能与碱性农药混用
氯唑磷（米乐尔）	3%颗粒剂	有机磷广谱杀虫剂和杀线虫剂，有触杀、胃毒和一定的内吸作用，碱性条件下易分解；对人、畜中等毒，对鸟、鱼、蜜蜂高毒	用作土壤处理，防治地下害虫和线虫。禁止在蔬菜、果树、茶叶、中草药材上使用

续附表

通用名称 (商品名称)	主要剂型	主要特点	应用范围
溴氰菊酯 (敌杀死)	2.5%乳油,2.5%可湿性粉剂	拟除虫菊酯类广谱杀虫剂,有触杀、胃毒、驱避、拒食作用,无内吸性;对人、畜中等毒,对鱼高毒,对蚕、蜂剧毒	喷雾施药,对鳞翅目、同翅目、缨翅目和部分鞘翅目昆虫效果好,对螨类、介壳虫、盲蝽防效低,不能与碱性物质混用
甲氰菊酯 (灭扫利)	10%、20%乳油,10%可湿性粉剂	拟除虫菊酯类广谱杀虫剂,具有触杀、胃毒和一定驱避作用,无内吸性;对人、畜中等毒,对鱼、蚕、蜂高毒	喷雾防治鳞翅目、同翅目、半翅目、双翅目、鞘翅目害虫和害螨,不能与碱性物质混用
氟氯氰菊酯 (百树菊酯)	5.7%乳油、	拟除虫菊酯类广谱杀虫剂,有触杀、胃毒作用,具有一定渗透作用,无内吸性;对人、畜低毒,对鱼、蚕、蜂高毒	喷雾防治鳞翅目、半翅目、鞘翅目、双翅目害虫,对一些地下害虫也有效,对螨类有一定的抑制作用,不能与碱性物质混用
三氯氟氰菊酯 (功夫)	2.5%乳油	拟除虫菊酯类广谱杀虫剂,兼治螨类,有触杀、胃毒、驱避作用,无内吸性;对人、畜中等毒,对鱼、蚕、蜂剧毒,对鸟类低毒	喷雾防治鳞翅目、鞘翅目、半翅目、缨翅目、膜翅目、直翅目、双翅目害虫,兼治叶螨、瘿螨、附线螨,不能与碱性物质混用

续附表

通用名称（商品名称）	主要剂型	主要特点	应用范围
高效氯氰菊酯	4.5%乳油，40%甲·辛·高氯乳油，29%敌畏·高氯乳油，30%高氯·辛乳油	拟除虫菊酯类广谱杀虫剂，是氯氰菊酯的高效异构体，有触杀、胃毒、驱避作用，杀虫谱广、击倒速度快；对人、畜中等毒，对鱼、鸟、蚕、蜂高毒	喷雾防治鳞翅目害虫、蝗虫，跳甲、蚜虫、蓟马、叶蝉、飞虱、叶蜂等，对螨类无效，不能与碱性物质混用
联苯菊酯（天王星）	2.5%、10%乳油	拟除虫菊酯类广谱杀虫、杀螨剂，有触杀、胃毒作用，无内吸性；对人、畜中等毒，对鱼高毒，对蜜蜂中等毒	喷雾施药，防治鳞翅目害虫、蚜虫、粉虱、蓟马、叶蝉、叶螨等，不能与碱性物质混用
氰戊菊酯（速灭杀丁）	20%乳油	拟除虫菊酯类广谱杀虫剂，有触杀、胃毒作用，无内吸性；对人、畜中等毒，对鱼、蚕、蜂毒性高，对鸟类低毒	喷雾防治鳞翅目、鞘翅目、双翅目、半翅目、同翅目、直翅目、缨翅目害虫，对叶螨有一定的抑制作用，不能与碱性物质混用，不用于茶树
抗蚜威（辟蚜雾）	25%、50%水分散粒剂，50%可湿性粉剂	氨基甲酸酯类选择性杀蚜剂，具有触杀、熏蒸（20℃以上）和叶面渗透作用，杀虫迅速，持效期短。对人、畜低毒，对鱼、蜂、鸟低毒，对蚜虫天敌安全	喷雾防治各种蚜虫（但对棉蚜低效），最好在气温 20℃度以上时施药

续附表

通用名称（商品名称）	主要剂型	主要特点	应用范围
啶虫脒（莫比朗）	3%、5%乳油，2%高渗乳油，20%可溶性超微粉剂	烟酰亚胺类杀虫剂，具有触杀、胃毒作用，有强渗透作用和内吸性，速效，持效期长；对人、畜中等毒，对蚕有毒	喷雾防治蚜虫、叶蝉、粉虱等同翅目害虫，以及半翅目、鳞翅目和鞘翅目的部分害虫，可防治对有机磷、拟除虫菊酯、氨基甲酸酯类杀虫剂产生抗性的害虫。不能与强碱性药剂混用
吡虫啉（大功臣、康福多）	10%、25%可湿性粉剂，5%乳油，35%悬浮剂，20%浓可溶性粉剂，5%颗粒剂，70%拌种剂	硝基亚甲基类内吸性杀虫剂，具触杀和胃毒作用，广谱，长效，作用迅速；对人、畜低毒，对蚕有毒	喷雾、种子处理、土壤处理，主要防治刺吸式口器害虫，对鞘翅目、双翅目和鳞翅目害虫也有效，不可与碱性物质混用，不宜连续多次用药
溴虫腈（除尽）	5%、10%悬浮剂	吡咯类杀虫、杀螨剂，有胃毒、触杀和一定的内吸作用，杀虫谱广，速效性好，持效时间长；对人、畜低毒，对蚕、蜂、鸟和水生动物毒性较高	喷雾防治害虫和害螨，可防治对有机磷类、氨基甲酸酯类、菊酯类以及几丁质合成抑制剂产生抗性的害虫

续附表

通用名称（商品名称）	主要剂型	主要特点	应用范围
灭幼脲（灭幼脲3号）	20%、25%悬浮剂	苯甲酰脲类几丁质合成抑制剂，有胃毒、触杀作用，迟效，持效期长；对人、畜、鱼低毒，对蚕有毒	喷雾防治鳞翅目和双翅目害虫，不能与碱性药剂混用
氟啶脲（抑太保）	5%乳油	苯甲酰脲类几丁质合成抑制剂，有胃毒、触杀作用，迟效，持效期长；对人、畜低毒，对低龄鱼、甲壳类动物有毒，对家蚕高毒	喷雾防治鳞翅目、直翅目、鞘翅目、膜翅目、双翅目害虫
氟铃脲（盖虫散）	5%乳油	苯甲酰脲类昆虫几丁质合成抑制剂，有胃毒、触杀、拒食作用，杀卵活性强；对人、畜、蜂、鸟低毒，对鱼、蚕有毒	喷雾防治防治鳞翅目害虫，对棉铃虫高效，对螨无效
除虫脲（伏虫脲、灭幼脲1号）	20%悬浮剂，5%、25%可湿性粉剂	苯甲酰脲类昆虫几丁质合成抑制剂，有胃毒和触杀作用，杀虫谱广，药效缓慢；对人、畜低毒，对蚕高毒	喷雾防治鳞翅目、鞘翅目、双翅目害虫，不宜与碱性农药混用

续附表

通用名称（商品名称）	主要剂型	主要特点	应用范围
噻嗪酮（扑虱灵）	25%可湿性粉剂，25%乳油，40%胶悬剂	噻二嗪酮杀虫剂，抑制昆虫生长发育，具有触杀、胃毒作用，有一定的内渗能力，广谱，药效慢，持效期长；低毒	喷雾防治叶蝉、飞虱、粉虱、介壳虫等，对三龄以上若虫药效较差，不可用药土法施药
虫酰肼（米满）	20%、24%悬浮剂	双酰肼类昆虫生长调节剂，有胃毒作用，可诱导鳞翅目昆虫提前蜕皮致死；对人、畜低毒，对鱼中等毒，对蚕高毒	喷雾防治鳞翅目幼虫
阿维菌素（齐墩螨素，害极灭，爱福丁，虫螨克）	0.5%、0.6%、1%、1.8%乳油，0.5%颗粒剂	从放线菌代谢物提取的抗生素，有触杀、胃毒作用，叶片渗透性强，杀虫速度较慢，持效期长；对人、畜高毒，对蜜蜂、家蚕、浮游生物和某些鱼类高毒	喷雾防治螨类、蚜虫、潜叶蝇、夜蛾类食叶害虫等，也可用于防治根结线虫，颗粒剂用于土壤处理

续附表

通用名称（商品名称）	主要剂型	主要特点	应用范围
甲氨基阿维菌素苯甲酸盐（云除，绿卡，海正三令）	1% 乳油，0.2%、1.5% 高渗乳油，0.5%、2.2%、3% 微乳剂	新型高效半合成抗生素类杀虫杀螨剂，由阿维菌素改造而成，具有胃毒和触杀作用，渗透性强；原药对人、畜中等毒，对鱼有毒，对蜂、蚕剧毒	喷雾防治鳞翅目、同翅目、缨翅目、鞘翅目害虫和螨类，不能与含铜农药混用

平菇标准化生产技术 7.00
黑木耳标准化生产技术 9.00
绞股蓝标准化生产技术 7.00
天麻标准化生产技术 10.00
当归标准化生产技术 10.00
北五味子标准化生产技术 6.00
金银花标准化生产技术 10.00
小粒咖啡标准化生产技术 10.00
烤烟标准化生产技术 15.00
猪标准化生产技术 9.00
奶牛标准化生产技术 10.00
肉羊标准化生产技术 18.00
獭兔标准化生产技术 13.00
长毛兔标准化生产技术 15.00
肉兔标准化生产技术 11.00
蛋鸡标准化生产技术 9.00
肉鸡标准化生产技术 12.00
肉鸭标准化生产技术 16.00
肉狗标准化生产技术 16.00
狐标准化生产技术 9.00
貉标准化生产技术 10.00
菜田化学除草技术问答 11.00
蔬菜茬口安排技术问答 10.00
食用菌优质高产栽培技术问答 16.00
草生菌高效栽培技术问答 17.00
木生菌高效栽培技术问答 14.00
果树盆栽与盆景制作技术问答 11.00
蚕病防治基础知识及技术问答 9.00
猪养殖技术问答 14.00
奶牛养殖技术问答 12.00
秸杆养肉牛配套技术问答 11.00
水牛改良与奶用养殖技术问答 13.00
犊牛培育技术问答 10.00
秸杆养肉羊配套技术问答 12.00
家兔养殖技术问答 18.00
肉鸡养殖技术问答 10.00
蛋鸡养殖技术问答 12.00
生态放养柴鸡关键技术问答 12.00
蛋鸭养殖技术问答 9.00
青粗饲料养鹅配套技术问答 11.00
提高海参增养殖效益技术问答 12.00
泥鳅养殖技术问答 9.00
花生地膜覆盖高产栽培致富·吉林省白城市林海镇 8.00
蔬菜规模化种植致富第一村·山东寿光市三元朱村 12.00
大棚番茄制种致富·陕西省西安市栎阳镇 13.00
农林下脚料栽培竹荪致富·福建省顺昌县大历镇 10.00
银耳产业化经营致富·福建省古田县大桥镇 12.00
姬菇规范化栽培致富·江西省杭州市罗针镇 11.00
农村能源开发富一乡·吉林省扶余县新万发镇 11.00
怎样提高玉米种植效益 10.00
怎样提高大豆种植效益 10.00
怎样提高大白菜种植效益 7.00
怎样提高马铃薯种植效益 10.00
怎样提高黄瓜种植效益 7.00

怎样提高茄子种植效益　10.00
怎样提高番茄种植效益　8.00
怎样提高辣椒种植效益　11.00
怎样提高苹果栽培效益　13.00
怎样提高梨栽培效益　9.00
怎样提高桃栽培效益　11.00
怎样提高猕猴桃栽培效益　12.00
怎样提高甜樱桃栽培效益　11.00
怎样提高杏栽培效益　10.00
怎样提高李栽培效益　9.00
怎样提高枣栽培效益　10.00
怎样提高山楂栽培效益　12.00
怎样提高板栗栽培效益　13.00
怎样提高核桃栽培效益　11.00
怎样提高葡萄栽培效益　12.00
怎样提高荔枝栽培效益　9.50
怎样提高种西瓜效益　8.00
怎样提高甜瓜种植效益　9.00
怎样提高蘑菇种植效益　12.00
怎样提高香菇种植效益　15.00
提高绿叶菜商品性栽培技术问答　11.00
提高大葱商品性栽培技术问答 9.00
提高大白菜商品性栽培技术问答　10.00
提高甘蓝商品性栽培技术问答　10.00
提高萝卜商品性栽培技术问答　10.00
提高胡萝卜商品性栽培技术问答　6.00
提高马铃薯商品性栽培技术问答　11.00
提高黄瓜商品性栽培技术问答　11.00
提高水果型黄瓜商品性栽培技术问答　8.00
提高西葫芦商品性栽培技术问答　7.00
提高茄子商品性栽培技术问答　10.00
提高番茄商品性栽培技术问答　11.00
提高辣椒商品性栽培技术问答　9.00
提高彩色甜椒商品性栽培技术问答　12.00
提高韭菜商品性栽培技术问答　10.00
提高豆类蔬菜商品性栽培技术问答　10.00
提高苹果商品性栽培技术问答　10.00
提高梨商品性栽培技术问答　12.00
提高桃商品性栽培技术问答　14.00
提高中华猕猴桃商品性栽培技术问答　10.00
提高樱桃商品性栽培技术问答　10.00
提高杏和李商品性栽培技术问答　9.00
提高枣商品性栽培技术问答　10.00
提高石榴商品性栽培技术问答　13.00

书名	定价
提高板栗商品性栽培技术问答	12.00
提高葡萄商品性栽培技术问答	8.00
提高草莓商品性栽培技术问答	12.00
提高西瓜商品性栽培技术问答	11.00
图说蔬菜嫁接育苗技术	14.00
图说甘薯高效栽培关键技术	15.00
图说甘蓝高效栽培关键技术	16.00
图说棉花基质育苗移栽	12.00
图说温室黄瓜高效栽培关键技术	9.50
图说棚室西葫芦和南瓜高效栽培关键技术	15.00
图说温室茄子高效栽培关键技术	9.50
图说温室番茄高效栽培关键技术	11.00
图说温室辣椒高效栽培关键技术	10.00
图说温室菜豆高效栽培关键技术	9.50
图说芦笋高效栽培关键技术	13.00
图说苹果高效栽培关键技术	11.00
图说梨高效栽培关键技术	11.00
图说桃高效栽培关键技术	17.00
图说大樱桃高效栽培关键技术	9.00
图说青枣温室高效栽培关键技术	9.00
图说柿高效栽培关键技术	18.00
图说葡萄高效栽培关键技术	16.00
图说早熟特早熟温州密柑高效栽培关键技术	15.00
图说草莓棚室高效栽培关键技术	9.00
图说棚室西瓜高效栽培关键技术	12.00
北方旱地粮食作物优良品种及其使用	10.00
中国小麦产业化	29.00
小麦良种引种指导	9.50
小麦科学施肥技术	9.00
优质小麦高效生产与综合利用	7.00
大麦高产栽培	5.00

以上图书由全国各地新华书店经销。凡向本社邮购图书或音像制品，可通过邮局汇款，在汇单“附言”栏填写所购书目，邮购图书均可享受9折优惠。购书30元(按打折后实款计算)以上的免收邮挂费，购书不足30元的按邮局资费标准收取3元挂号费，邮寄费由我社承担。邮购地址：北京市丰台区晓月中路29号，邮政编码：100072，联系人：金友，电话：(010)83210681、83210682、83219215、83219217(传真)。